醋與日子的配方
一路向南，義大利家庭廚房踏查記

Da nord a sud:
Un viaggio nei sapori e nei profumi delle nonne italiane

Yen 著

A Marisa e Andrea

目次

序、一路向南前 9

初見瑪莉莎媽媽 17
雨下多了沒南瓜餃吃 25
一起吃七年的鹽 43
站在傳統的根上往前走 57
聽，豆子還在唱歌吶 71
醋與日子的配方 89
羅馬 103
「在我們這兒，酒跟大海一樣，永遠不缺。」 127
坎帕尼亞餐桌 133
農莊餐廳學菜記 139
在舊城區做貓耳朵麵 159
我非如此義大利人 171
Never Trust a Skinny Chef 181
「把所有能被偷的東西帶下車」 189
羊毛毯驚喜 221

238 —— 小雜文、非常義大利

240 世足賽
242 櫛瓜花
246 剩食料理漢堡排
250 馬泰拉
251 淑女之吻
254 反正我要起士粉
258 義大利咖啡
260 炸玉米糕
262 拿坡里甜派
263 蔻特奇諾豬皮腸
266 燉飯式煮麵法
267 過節前
268 麵包沙拉
272 喝熱水

食譜索引 —— 274
感謝名單 —— 276

ATLANTICO
FRANCIA
Valle
SPAGNA
MAR BALEAR
LA MER
N
W
E
S
ALGERIA

AUSTRIA
NGHERIA
Trentino-Alto Adige
Friuli-Venezia Giulia
SLOVENIJA
Veneto
Lombardia
倫巴底 p.15
HRVATSKA
Emilia-Romagna
艾米莉亞-羅馬涅 p.41
Liguria
BOSNA I HERCEGOVINA
MAR LIGURE
Toscana
托斯卡納 p.69
MAR ADRIATICO
Marche
Umbria
Lazio
拉齊歐
p.101
Abruzzo
Molise
Puglia
普利亞
p.157
Campania
坎帕尼亞 p.125
MAR TIRRENO
Basilicata
Sardegna
薩丁尼亞
p.219
Calabria
卡拉布里亞
p.169
MAR IONIO
Sicilia
西西里 p.187
MEDITERRANEO
TUNISIA

20
destinazione
partenza
informazioni
GIALLA
1

一路向南前

一直都是風風火火之人，生活呆滯久，便渾身不對勁，心猿意馬，跟自己過不去那樣，定要用肉身心靈熱烈去活。好好的上班族不做，硬要去義大利學菜、遊蕩，爾後繼續在倫敦米其林餐廳中用睡眠跟體力搏拚，從寫字之人變成舞刀弄火廚子一枚（這些經歷則成了 2017 出版的第一本書《獻給地獄廚房的情書》）。極度痛苦之時求助於專精星象的朋友，他說：你正值脫胎換骨之際，別人頂多換膚，你非要將骨頭拆開、打碎、重長、再組裝成新的人，必定要痛要苦。打掉重練之間，我繼續在財務、成長痛中掙扎，蹣跚而行。

期間一有積蓄便重回義大利，從北至南吃喝晃蕩學菜，從那積得一道道新菜靈感。2014 年，跟「北義夥伴」（編註：請見本文倒數第二段）兩人經營私廚，老還覺得自己不夠，在幾次新菜單出完，腸枯思竭後，明白過去的專業廚房經驗，不過是扎根，開始想有計畫統整過去幾年在義大利各區的旅行經驗，洗澡間突得靈感，在義大利、倫敦當廚子時，認識多少義大利同事，何不一一拜訪，跟其家人學菜？

這本書的原型，便從連絡義大利友人們、在靴型地圖（當然還有其側兩島嶼）畫上點點線線，延展策畫而成，2016 年春夏之際成行，我學菜、「北義夥伴」一旁拍攝紀錄，從北至南，行經西西里島、薩丁尼亞島，再回到北邊媽媽家，飛機、火車、公車、渡輪、摩托車、腳踏車、11 路公車、飛雅特胖達 (Fiat Panda)……總長 4277 公里，歷時 115 天，大街小巷石子泥濘中兩只行李箱輪子嘎嘎作響，出發前得意洋洋穿上的夏日女孩必備 Superga 白布鞋因此走成灰綠色。旅程結束，得照片數千張、新食譜 50 道（其中 36 道收錄於此書）、4 公斤肥肉。回台灣後記錄此行的進展，一度因工作、出第一本書與瑣事佔據而擱置，所幸遠方義大利友人與媽媽們不時關心：「書何時寫完？」、「書動工了嗎你這個小廢物。」、「等你寄書來喔。」……等等等等，才又拾起動力。

真正深入了解這長靴狀國家，就知道，單純稱之為「一個國家」、用「義大利人都」或「義大利食物都」來一言概之，其實極其危險與無知。比台灣大八倍的義大利，從文化、風土、食物、方言，都差別甚鉅，旅至南部坎帕尼亞區，與朋友聊天，他對於北方常吃的玉米糕 (polenta) 便頗為好奇，沒吃過，遑論做法了。

喜劇片《歡迎來到南方》(Benvenuti al sud)，就曾殘酷又真實的描述了義大利南北風情差異。片中北方佬帶著歧視與偏見初來乍到南部坎帕尼亞大區一間郵局坐鎮管理，卻在一次陪員工送信後見識到南方人的熱情可愛：送信至每家每戶，都不免被簇擁進屋，喝酒喝咖啡，半天下來，信沒送完，人倒喝得醉醺醺，我在義大利北上火車中被此片逗得東倒西歪，回想幾次在南義作客，一天結束，沒喝個十杯八杯自釀酒、七八杯咖啡，可不能罷休。

如今飲食界重在菜色創新、菜系融合，對本土食材的重視更是大行其道，我曾在米其林餐廳工作，學做菜的專業、精準與技巧，此外，我更私以為，為廚之人要發展自己的做菜性格，除了扎實基礎功、廣闊視野、創造力外，還有對其根本與味道邏輯的探究，尤其義大利菜，是庶民菜、家常餐桌上發展出的料理（白話來說，是文化。沒有基礎理解，自然容易大街小巷都賣相同的「義大利麵」；題外話，「北義夥伴」是來到台灣後，才知道義大利麵有紅、白、青醬、清炒之分）我相信，神般的創意料理，一定建築在通徹理解、貫通，在一定的邏輯基礎向上建立的……。主要還是我執拗、不安現狀，別人在網上花三秒找食譜，我非得要翻山越嶺、用肉身去找才心安理得通體舒暢。

然在滿懷熱情策畫這趟旅行時，我忽略了種種可能遭遇到的阻礙，例如在早餐咖啡與中午的餃子、沙拉與生火腿後，身邊的義大利人們與懶洋洋的陽光，皆召喚你在沙發上打盹，做菜寫食譜？等下再說吧。再來就是拍照：誰會在飯前放著熱騰騰的菜不吃，像個傻子那樣追逐光線角度呢？麵再不吃是會變乾、變難吃，這種風險誰都不敢承擔。

在義大利，一切的一切，都變得更百轉千迴，目的地眼看在前方，卻又難以到達，四天後的事無法現在確定，一定要耐心等待，到前一天的傍晚，才能再畢恭畢敬打電話去確認隔天一早的約。

從義大利回來後，大工程之一是喚醒記憶中的味道，並將之量化。媽媽們用眼睛計量，你只能戳戳麵團，揉揉它質感，不會有人告訴你，這裡加100克。而我漸漸察覺，這趟旅行的本質，原來如此私密。我拖著刀具跟相機走入媽媽們廚房裡的瞬間，就像得到一張窺探她們隱私的門票，她們大方展示兒孫們的相片，將字跡凌亂、頁面泛黃的食譜攤在我眼前，有些還是她們的媽媽傳下來的。我戒慎恐懼，一筆一劃記錄代代相傳的耳提面命。我將她們傳授的味道轉化成自己的菜單，做給親友食客們吃，大夥兒稱讚著菜餚的特別與正宗，只有我知道，這味道大概只傳達了八成。另外兩成遺失的味道去哪了呢？

當地農莊採收的橄欖做成的初榨橄欖油、那天在做麵疙瘩時從天上傾盆而下的河、忽然吹起的焚風，甚至陌生媽媽們的善意，在在影響著我記憶裡菜色的味道。那是現在人人都在談的風土啊。

敵不過的風土，剩餘的兩成，也只好在這裡寫著解饞了。

而關於「北義夥伴」，我親愛的編輯說，整本書裡叨絮寫的「北義夥伴」、「老義」、「旅伴」……多擾人視聽，非得在前言交代不可。各種叫法說的都是同一人，姑且稱他老義吧：一年多前我跟他在台灣辦了小小的溫馨婚禮，親人、摯友，兩人最愛的港邊，社群網路上一張照片也沒放，心裡彆扭嘛，結就結唄，干誰啥事？何必擾人。婚紗照嘛，則是遊西班牙時，同行友人說，結個婚連張照也沒有，成何體統。用拍立得在四處綁著白紗的小木橋上留影完成，他穿短褲球鞋，我穿白衣跟破了洞的牛仔褲，白布鞋，也算應了景。去當地米其林三星餐廳跟主廚合照時都還穿得更優雅像個人。省下的婚紗照錢，剛好夠一張台灣歐洲來回機票，怎麼都合算。

本書文章寫於義大利、倫敦、西班牙、北京、基隆與竹北，橫跨四個年頭，其中大部分文章為2016年的巡迴做菜旅，少數幾篇與書末雜文集，則為近六七年間回義大利時的隨手雜記。所有照片皆是老義在我做菜時幫忙拍的——除了萬字、紅色中字、數字一到九、四個風字，及發字——中文字他一概不懂，還是謝謝他，雖然他的理想旅行，是一動不動躺在沙灘上曝曬，卻仍容忍我去到哪只想吃、學菜，想寫時便入定般不理人之德性。

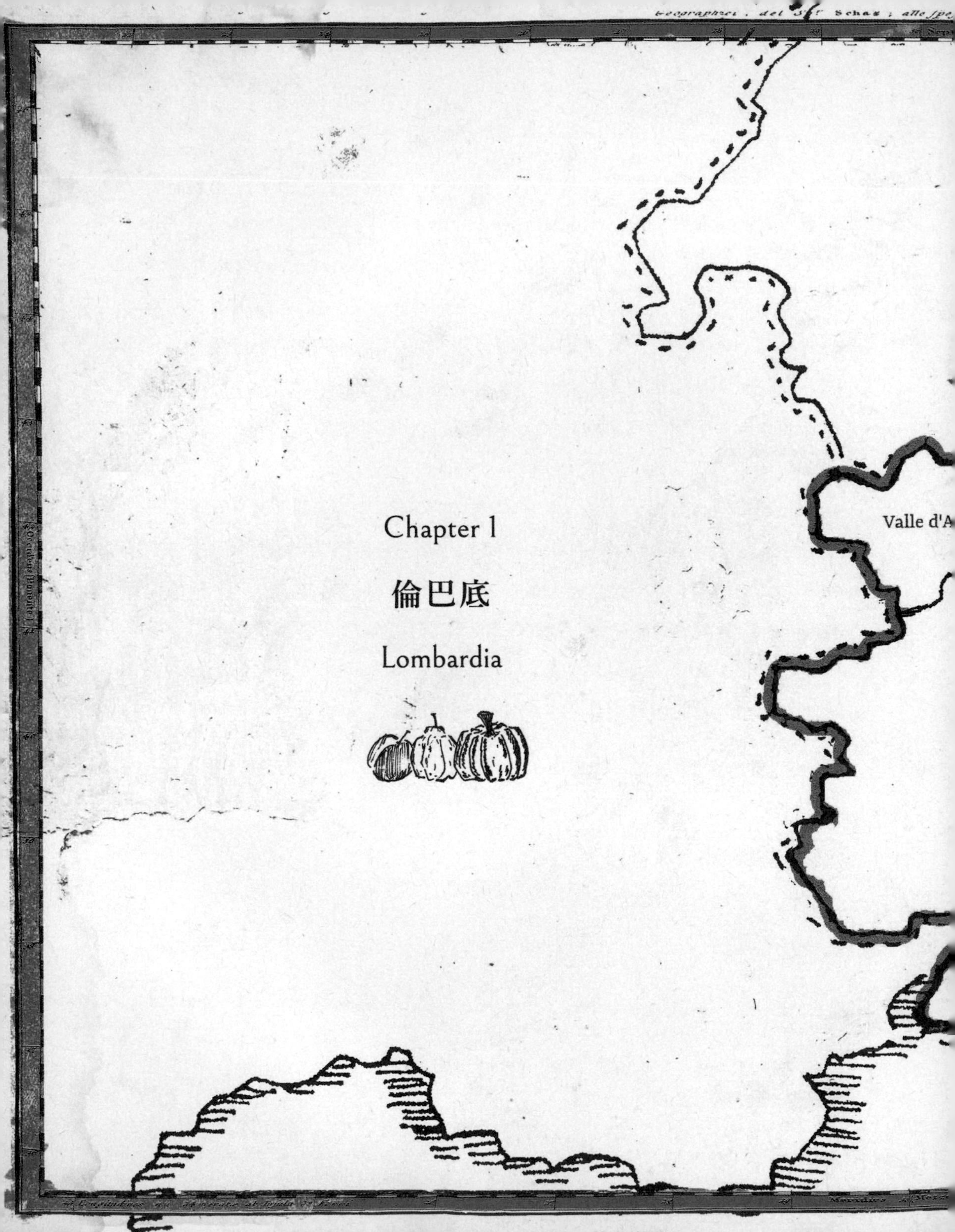

Chapter 1

倫巴底

Lombardia

Trentino-Alto Adige
Lombardia
Veneto
Emilia-Romagna
Liguria
MAR
LIGURE
Toscana
Umbria

初見瑪莉莎媽媽

第一次跟瑪莉莎媽媽見面是冬天，在那之前只有在老義一週一次與媽媽的例行電話那頭聽過她的聲音，我稱她「Signora」——女士、夫人，對女性長輩或已婚女性的敬稱——我們那時還沒結婚，Signora 瑪莉莎叫我 Yen，即使只有三個字母，她仍記憶困難，得在她家用電話旁的小筆記本上，用大大的鉛筆字寫「Y E N」幫助記憶。

她家在義大利倫巴底 (Lombardia) 郊區小鎮，跟大都市米蘭隸屬於同一省份，然在兩小時的車程距離下，景觀與食物卻又截然不同。

我一向不太怕冷，穿的是住倫敦時陪我度過冬天的黑色大衣，到達小鎮的溫度是零下二度，溼度很重，體感溫度負十，我開始發燒，精神低迷。並非最好的第一印象。但我們仍然謹遵見面禮節：

「您好，Signora。」

「你好，Yen。」

相處幾次後她不再叫我 Yen，而是以「Nani」稱呼我，nani，小親親。老義聽了極為驚駭，他親愛的母親從未如此叫過任何人。

我是瑪莉莎媽媽生命中第一個亞洲人——撇開鎮上義大利人稱為 bar 的小雜貨咖啡店裡的中國人不談（鎮上所有販賣早餐、咖啡跟零食的 bar，都被中國人買下，據說幾十萬歐現金交易，不欠款也不囉嗦，非常爽快），她與過世的先生（我無緣謀面的公公）個性南轅北轍，先生是區域性舞蹈比賽冠軍，我看過一張被媽媽細心保留了幾十年的泛黃剪報，黑白照片中他意氣風發，梳著漂亮的油亮棕黑髮，戴著墨鏡，輪廓酷似艾爾帕西諾在《教父》裡帥氣姿態。

先生年輕時經營小生意，交遊廣闊，因公所需開車跑遍義大利南北，假日喜歡跟朋友出門跳舞社交，一次一群男人相約週五晚上出門吃飯，回家時卻已是週日下午，他們玩得太盡興，邊喝酒邊開車，醒來時發現自己在七百公里外的海邊；瑪莉莎媽媽則有點幽閉恐懼，人生中去過最遠的兩個地方是：與先生孩子們一起旅行的威尼斯，以及米蘭——先生重病時住院的地方，兩處車程離家皆不到兩個半小時。她在這個小鎮出生，那是她生活的所有範圍。

所以你能想像，初見面時，媽媽聽我說義大利文，鬆了多大口氣。平時在家她只說方言，第一次見面整整兩週，只要我在場，她都盡量只用義大利文對話。

要了解瑪莉莎媽媽，必須從她的一天開始說起：晨起，在廚房燒水煮咖啡、站在爐前抽菸，咖啡配半杯優格後早餐結束，下地下室把當天要吃的麵包取出、秤餃子，把預先做好的烤肉捲從冰庫裡取出退冰。然後開始兩小時的打掃，髒衣服放入洗衣機後，庭院除草、把每一件襯衫、洋裝，甚至兒子的內褲都一絲不苟燙好，再徹底掃除家裡每一個角落。年輕時跟先生一起買下的房子，是她的一切。瑪莉莎媽媽身體稱不上硬朗、經常腰酸背痛，我卻不曾在家裡找到半點灰塵。

她的人生大事是每年一次的番茄採收，以及南瓜季節——做好整年份的番茄醬、將最好的南瓜帶回家做餃子。孩子回家更是不得了，我們之後的每年夏天都回瑪莉莎媽媽家度假。她總在一個半月前囑咐：回家前一個月務必通知，要開始準備吃的了。那年跟老義回家前先去西班牙，卻收到哥哥臉書訊息：「立刻打給媽媽，急事。」嚇得屁滾尿流聯絡瑪莉莎媽媽，卻見她口氣淡定：「星期五幾點到家呀？我得準備吃的。」

我跟她的關係在柴米油鹽中建立，總是纏著她教我新菜。餃子怎麼做？用哪款起士？裡面肉放了幾種？烤多久？各種問題她都耐心一一回答。然在她家裡我們是客人，讓客人洗碗對義大利人來說是天大的恥辱，兒子們在客廳看電視，我就站在一旁幫打下手，起先她總趕我去客廳，久了大概發現我執拗不輸她，也開始接受我幫忙張羅吃喝、天南地北聊起天來，從鄰居家太太狗眼看人低、到年輕時的家庭軼事。那時爐上總有一鍋燒得滾燙的水，以及肉醬或番茄醬啵啵地煮著，我在一旁將她洗了一遍又一遍的生菜葉撕成一口大小（沙拉用切的？不在她工作守則中）、擠柳橙汁、從冰箱裡拿奶油、下麵、攪拌醬汁……這類小事。

還有一件重要工作是我極力爭取來的：飯前勢必要慎重取下桌上裝飾用的花瓶與一塵不染的白蕾絲桌布，重新鋪上用餐桌布，依序擺上主菜盤、麵盤，跟與桌布同花色的餐巾布（一樣被她燙得平整無瑕）、整副刀叉湯匙排上，再來是杯子、氣泡水、佐餐酒……這是身為廚師的職業病嗎？目測每人座位間距（在餐廳裡我們則用尺量），以計算餐具間的距離，再將光亮的盤子放上。每一餐的開始都是歡愉的前哨站，我極其享受擺餐桌時那種偷窺稍後歡愉的特權，工作也是、在家也是，面對著未知的美好、洗好燙好的布、擦得晶亮的餐具，而非剩菜、髒污，及宴席過後的頹靡。

於是除了擺餐桌、幫忙收剩菜回廚房、收起桌布、再重新鋪上蕾絲桌布、在她洗碗時陪她聊天，我不被允許做其他事，「你們是客人，不該工作」，她說。

我貪口，每種食材都抓來吃，也從不對她堆在我盤子上滿山滿谷的食物說不，她於是更起勁的跟我談吃，鉅細靡遺交代食譜細節。她每天都要用木頭製刨乳酪器刨上大量起士，一日我在房裡整理衣服，她跑來摸摸我的頭，拿刨剩的起士餵我吃，寵溺小動物那樣。她守在爐邊做一輩子的菜，每次起鍋前總還要呼喚兒子試味道、試麵熟度，「我老了，你們年輕人懂得比較多。」那時開始，她再也不找兒子試味道，我擔下重任成為榮耀試菜大使。有客人來訪時，也不再跟兒子討論菜色，把我當副廚那樣密謀哪道菜該上桌、什麼菜則該留著我們自己週末吃。

家中上菜是有順序的，跳過前菜，直接從第一道主菜開始 (I primi)：餃子 (agnoli) 小小一顆，內餡卻有雞、牛、馬、各種香腸，大量的格拉娜帕達諾起司 (Grano Padano) 與肉豆蔻粉，一顆顆滋味小宇宙通常與牛肉、老母雞熬煮成的高湯一同上桌。再不然還有菠菜瑞可達起士餃、南瓜餃，有時我們也會換口味，吃點乾燥義大利麵 (pasta asciutta)，配肉醬、番茄醬，週日午餐，則吃海鮮麵。第一道主餐結束，麵碗收走，午餐往往簡單吃生火腿、臘腸當第二主餐，配菜則是沙拉、四季豆，晚餐就豐盛了，烤雞肉或烤豬肉，肉丸或燉牛肉，或一人整顆甜椒鑲肉，配菜是在鍋中煮到焦香綿軟的結球茴香頭，我特愛這配菜，一人能吃三人份。一次客人突然來訪，「你不是有做好的煎結球茴香？」媽媽答：「那做失敗，被我扔了。」隨即衝著我眨眼，說：「我共做了五份，一份給我、一份給兒子，三份是你的，不速之客只好吃別的。」

如此吃完，還有起士跟生火腿、摩德代拉熟火腿 (Mortadella) 要吃。結束之後是整盤水果：熟透的梨、哈密瓜、櫻桃、草莓，還有她做的提拉米蘇、巧克力布丁也連番上桌。天氣熱一點，啥都吃不下時，索性把水果切塊，用檸檬汁、柳橙汁加糖調味做成水果沙拉 (Macedonia) 當甜點，當你撐得 come un uovo（像一顆蛋）時，大概連顆西瓜子都塞不下了，她還催你吃，「這樣有吃飽嗎？再來點火腿？提拉米蘇？最後一口沙拉如何？」我們只好勉為其難飲盡最後一滴紅酒，從她那裝著珍藏老式水晶酒杯的櫥櫃裡，拿出果渣白蘭地 (grappa) 宣告此餐完結。母愛果真是世界共通語言。

說這麼多，你大概以為語言相通就能跨越藩籬，事實上也是有些曲折的，對瑪莉莎來說，我畢竟還是頭髮烏黑、長了對杏仁眼 (occhi A mandorlA) 的外國人，第一次見面後離開瑪莉莎媽媽家沒多久，我們打電話給她，她隨口問兒子：「你平常跟 Yen 用什麼語言溝通？」

「義大利文啊」，兒子回。

「她會說義大利文？」

「不然過去兩週你是怎麼跟她溝通的？」

「不知道，我以為我會說英文。」

雨下多了沒南瓜餃吃

七十多歲的媽媽弓著背在廚房忙著，刨大量格拉娜帕達諾起士 (Grana Padana)，從冰箱裡拿出早已熬製好的番茄肉醬，放鍋中續煮。一邊不好意思地說：「都是些家常小菜，跟你們專業廚房做的不能比啦。」不忘把麵包放在暖爐上烘著保溫。家常餐桌，基本上就是餐廳菜單的原型：不缺的總是麵包，一道麵食、肉類，與搭配的蔬菜。那天午餐，我們喝著老媽媽喜歡的 Lambrusco 微甜氣泡紅酒，吃用牛奶煨煮的朝鮮薊、肉醬馬鈴薯麵疙瘩 (gnocchi)、培根雞肉捲，跟帕瑪 (Parma) 產的生火腿。

做義大利料理的人，很難不對家庭料理產生敬意，它也許不如餐廳料理的細緻——譬如做成沙拉的四季豆，因為燙過後沒立即浸入冰水中，失去原本翠綠的色澤；鑲肉的甜椒籽沒挑乾淨，顯得有些不夠美觀，跟在專業廚房裡的基本教條相互牴觸，但對料理投入的時間與熱情，卻是一切的基準。

那幾天，又陸續吃了乍看不起眼、卻滋味無窮的菜：用馬肉、各種火腿、牛肉、香腸等混合而成的鑲料，填入甜椒後再用慢火溫文煮出的甜椒鑲肉；內餡中放了杏仁餅乾 (amaretti) 與地產芥末水果 (mostarda mantovana) 的手工南瓜餃子（這區的經典作法，起鍋後再淋上家傳秘方番茄醬汁，那酸甜融合得恰到好處的質樸風味，在哪都吃不到）。老媽媽的手腳不俐落了，這些費時的菜都是終年在廚房裡累積出來的功力，我津津有味地吃，一邊追問料理細節，她卻始終不能理解，如此普通的家常料理，怎有人想學？只好放下手邊刨到一半的起士，從老舊卻保養得當的木櫃中搬出當年媽媽傳給她的筆記本，泛黃的書頁裡凌亂夾著幾十年來家庭餐桌記憶積累而成的食譜，我大喜，東翻西看一邊點菜：「下次教我做這個！」瑪莉莎媽媽笑著搖頭：「真搞不懂你。」離開繼續顧著火上肉醬去了。

瑪莉莎媽媽的烹飪像遊牧民族，規矩依著年月走：每年八月底固定採購當季大量番茄，從一塵不染的儲藏室裡扛出大口鍋，熬番茄醬、一一裝入玻璃罐中密封，再收入地下食物儲藏室裡，供整年食用。如此一來可方便了，哪個孩子突然回家也不怕沒東西吃，水一燒醬一熱，配上起士醃肉，就是一餐。十二月初在當地南瓜熟成大出之際，便是做南瓜餃之時，上市場買下大批南瓜，再回家熬製成餡，一秒一個，做成堆的餃子，再全部冰冷凍庫，寧願如此吃大半年，也拒絕用不著時的南瓜硬做成餃。去年見到她時，老媽媽一臉哀怨宣布災情：今年沒有南瓜餃吃——簡直慘透——「下太多雨了，南瓜品質差到放家門前連狗都不屑一顧吶。」

更別提她不時還得忙碌做各種各樣的果醬了，李子、櫻桃、杏桃或榲桲(mele cotogne)，家裡瀰漫著濃濃成熟果香時，就知道又是哪種水果豐收之時，果醬早上或下午茶時間抹麵包吃，新鮮水果則餐後當甜點，各司其職多好啊。

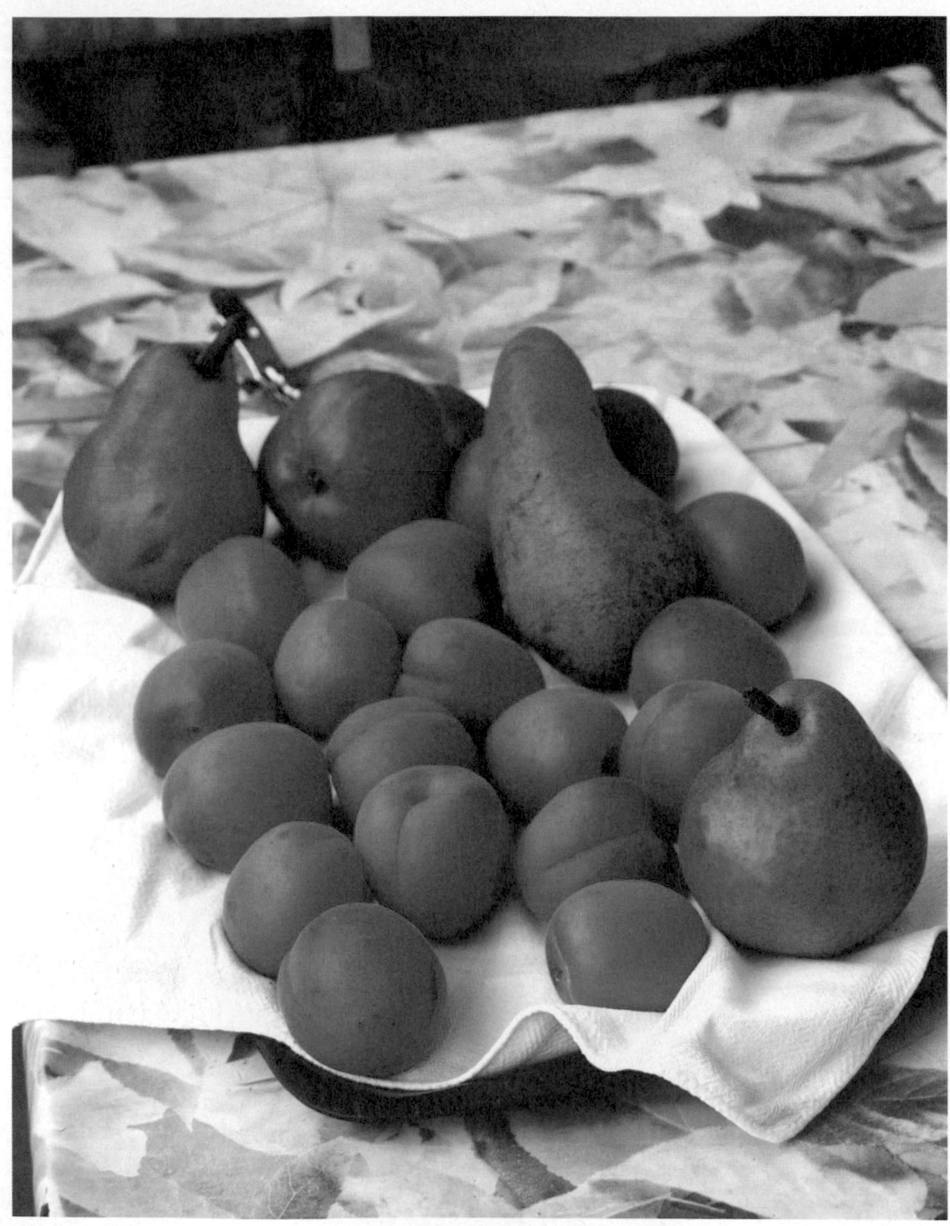

瑪莉莎媽媽的小湯餃 Agnulìn in brodo
Marisa Furlotti

小餃子 Agnoli，方言稱 agnulìn 又或 agnulì，是倫巴底區曼托華 (Mantova) 的地方菜色。用最平凡的語言來說，它是一碗沒花樣的湯餃，然為了做這碗平實湯餃，你得準備至少七種肉品，花時間細煮餡料，讓它滋味豐富又不違和，煮高湯，直到肉的濃郁精華全數奉獻為止。這也是為什麼自家做的「湯餃」，往往最好吃：不計成本，並且用盡全世界所有的耐心製作，一次我為了省時省錢，少放幾種肉在裡面，味道自然相去甚遠。

先說那高湯吧，一般來說此菜的標準做法，是將餃子放進澄澈雞高湯中上桌，這裡除了整隻老母雞，也加一塊帶骨牛肉；請務必一試，牛骨肉能使高湯風味更豐厚；切記，任何高湯都是從冷水煮起，冷水中放雞、牛，大火煮滾後，轉最小火蓋鍋蓋續煮 3 小時。煮過的肉當然不能丟，雞胸肉跟牛肉扒下來絞碎做內餡，雞腿啦翅膀啦其他部位，則整塊留起來做 bollito（註 1）當主菜吃。

把切碎的一顆洋蔥、一根胡蘿蔔跟兩根西洋芹在油鍋中用中小火煮至軟，把剛剛絞碎的高湯肉也放進來（瑪莉莎媽媽此時還會放絞過的馬肉），火開大，稍微攪拌讓蔬菜與肉混合，嗆點白酒、燒到酒氣盡失，放約半杯番茄醬汁，煮滾後小火續煮，直至醬汁收乾為止。

肉醬放涼後，依照乾溼度加入適量麵包粉，只要記得，餃子內餡要呈現偏乾的糊狀才不會做出湯湯水水的炸彈，接著磨入大量肉豆蔻、一或兩顆蛋（剛剛提過的溼度，記得嗎？）、格拉娜帕達諾起司 (Grana Padano) 或帕瑪森起士、生火腿、摩德代拉熟火腿 (Mortadella)、一條生香腸腸衣去掉後的絞肉等也切碎一起加入肉醬中，再放入攪拌機，直到成品是一團不滲水、能堅挺站在麵皮上的糊狀物為止。

再來是麵皮，100 公克的 00 麵粉配一顆雞蛋是標準數字，盡量找大顆又健康的土雞蛋，揉成團後讓麵團在冰箱（又或者你的室內溫度是舒適宜人的 20 度，就麵團上覆蓋一塊乾淨的布，別讓它跟空氣接觸變乾了；要是室內熱到連你都受不了，就別折騰麵團了吧）休息至少半小時。

註 1：bollito

將雞、牛等大塊肉，與蔬菜一起在高湯中熬煮後，切成薄片再加鹽、橄欖油或醬汁一起吃的主菜。

用麵棍將麵團分批桿開（古典方法最棒了），當然這需要耐力、技巧與經驗，不然就用壓麵機吧，再將桿薄的麵片切成約 6 公分寬的正方形、放上適量餡料、四邊沾上蛋液後，沿對角線對折、壓緊，切記確保餡料四周是緊密密合，不要有空氣跑入，有空氣的餃子最容易在下水時破裂露餡；三角形底邊朝下，抓住底邊兩角後同時往後扭，並在餃子背後扣住，醜陋沒關係，熟能生巧，媽媽們可是在廚房裡做了幾十年，才有現在一秒一顆的功夫哪。

餃子做好後可以在冷凍庫存上 2 個月，放冰箱不要超過 4 天，餃子直接在做好的滾燙雞高湯中煮熟上桌即可，上桌後再撒上格拉娜帕達諾起司 (Grana Padano) 或帕瑪森起士是標準吃法。

甜椒鑲肉 Peperoni Ripieni
Marisa Furlotti

我對這道菜情有獨鍾，老吵著要吃，吃時還露出一臉討厭的陶醉樣，吃完一個不夠，還總要續盤，瑪莉莎媽媽一聽到我要來，就會花兩天備料，務必把這道菜端上桌。纏著她問了幾次作法，再跟著她依樣畫葫蘆做兩次，媽媽這才宣布學生學成畢業。回家第一次做時，為了省時省力，勉強只用牛肉跟少許豬肉做成，樣子對了，精神可差遠了，想著老媽媽告誡：「這菜看起來簡單，可勞民傷財了。」這才反省，萬事不可走捷徑，尤其做義大利菜。

做法也不難，就是花耐心，用時間耗它。將洋蔥、西洋芹、胡蘿蔔切小塊，與牛絞肉、切塊的雞肉、豬肉、香腸、馬肉（嗯，可省略）一起燉 3 小時到軟爛，放涼後加上肉豆蔻與鹽、胡椒調味，再放入火腿 (prosciutto)、摩德代拉熟火腿、大量的格拉娜帕達諾起司 (Grana Padano) 或帕瑪森起士及一顆蛋一起絞碎，餡料太溼的話則丟點麵包碎屑進去；而其中的蔬菜三寶意在取其味，最後是要取出，不一起絞碎的。

將餡料塞進去籽的甜椒中，再在少許油裡中小火悶煮它，煮到外皮微焦，軟了甜了就好了，它本身就是一道主餐，若前面還吃了前菜跟第一道主菜，一個甜椒就能吃得你銷魂求饒。

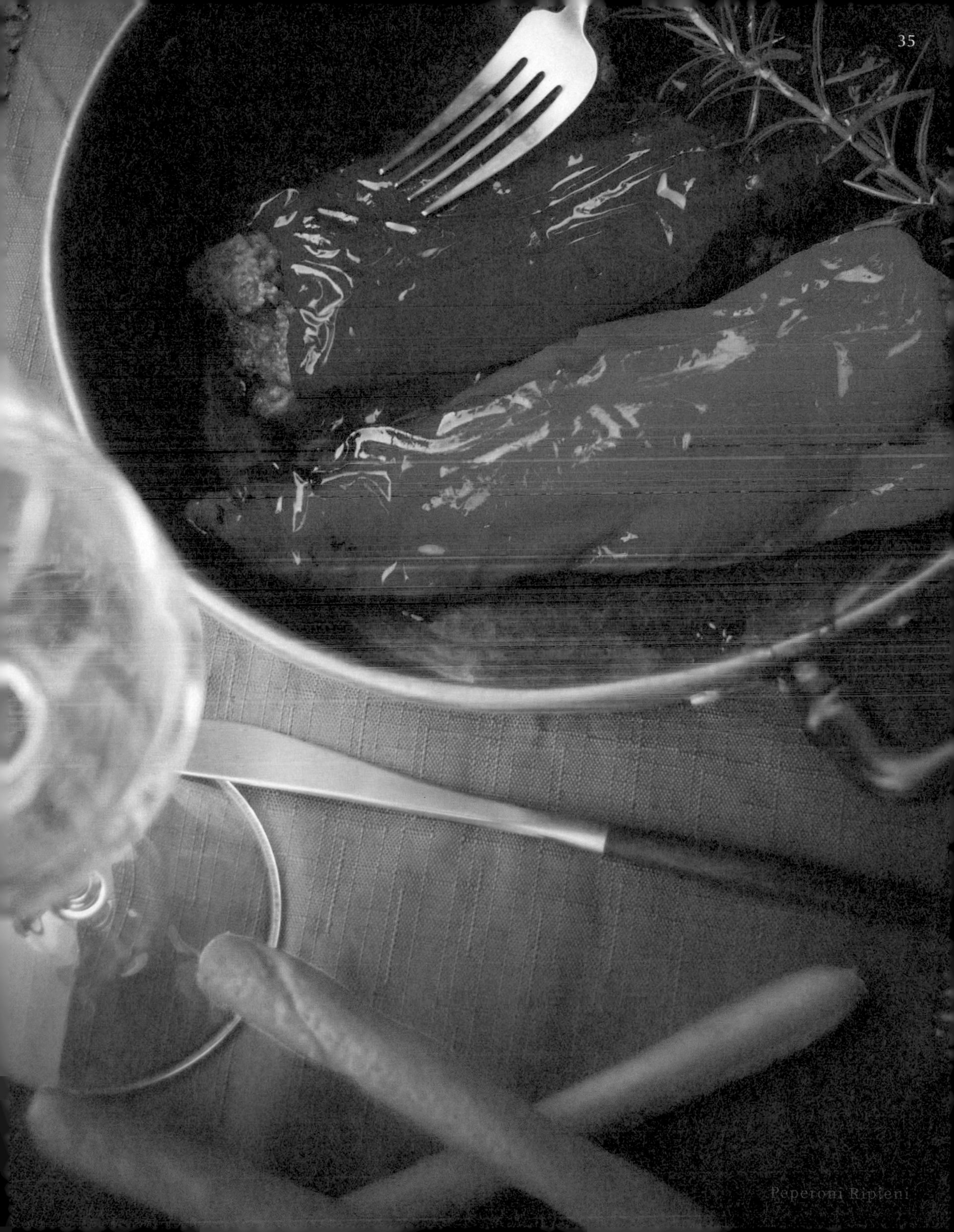

Peperoni Ripieni

格拉娜起士培根雞肉捲 Involtini di pollo con pancetta e grana
Marisa Furlotti

大概沒有比這更家常的菜了，每個家庭都有各自版本的雞肉捲，它簡單、快速，又受家人喜歡，這代表著義大利日常餐桌景色：麵吃完後，雞捲上桌，俐落又豐滿的晚餐。

雞胸肉（可以換成我們偏愛的雞腿肉，你知道的，在整桌義大利人裡，雞腿永遠是我的，不擔心有人搶）橫切剖半、再將之拍扁成肉片，肉片上撒點鹽，鋪一片義大利醃培根 (pancetta)、將格拉娜帕達諾起司 (Grana Padano) 切小塊後，放 4 塊上去，捲起、用牙籤固定。

起油鍋，放入拍碎的蒜頭、新鮮鼠尾草數片，中火將肉捲煎至上色，再倒入半杯干白酒，汁液收乾後便可上桌。

Involtini di pollo con pancetta e salvia

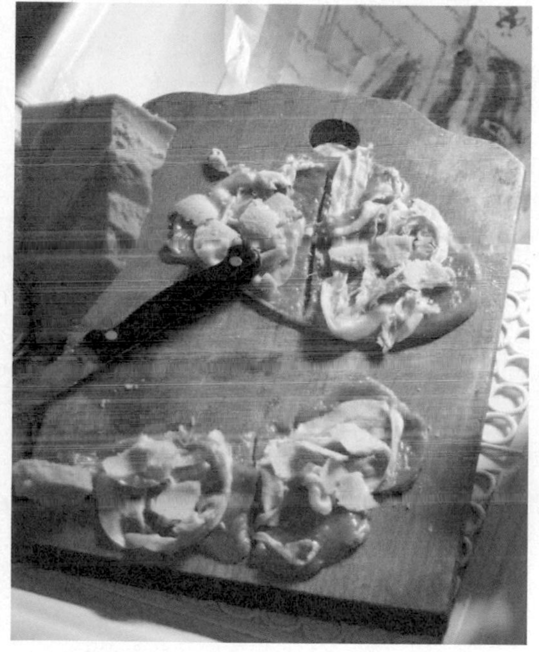

Involtini di pollo con pancetta e grana

Chapter 2

艾米利亞-羅馬涅

Emilia-Romagna

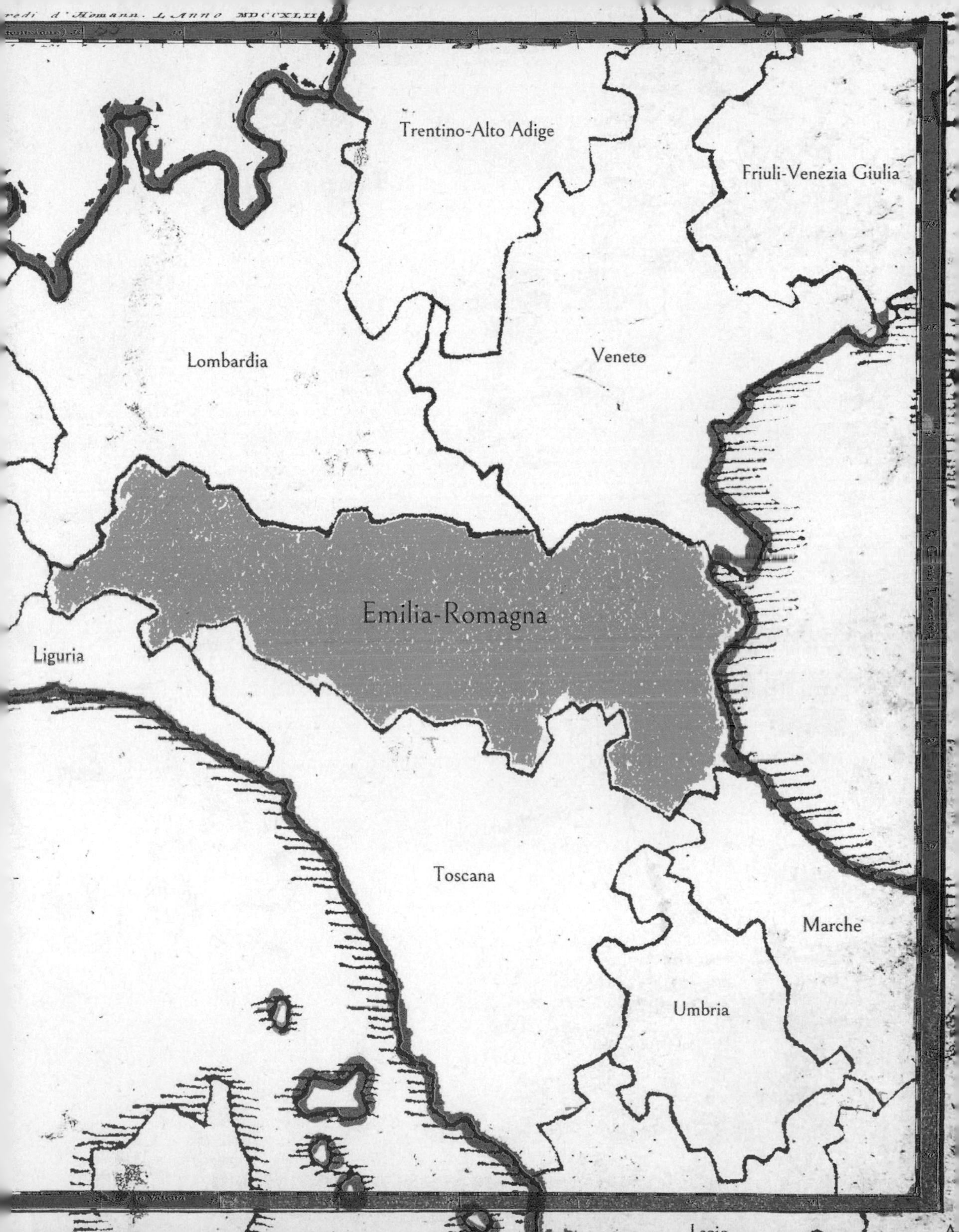

Trentino-Alto Adige
Friuli-Venezia Giulia
Lombardia
Veneto
Emilia-Romagna
Liguria
Toscana
Marche
Umbria

2924

一起吃七年的鹽

餐廳經理將被退回的燉飯端回廚房，跟主廚竊竊私語，負責燉飯的希薇亞剛煮完這盤燉飯時我們全都有試吃，那眞是老天送給我們最美的禮物，經過六年陳年的起士，濃郁的鹹香，軟硬適度的米心，剛起鍋時仍是義大利人描述完美燉飯該有的『如海浪般』的質地，我們同心讚嘆，那眞是一個廚師能煮出最棒的燉飯了。————《獻給地獄廚房的情書》

我在第一本書裡寫過這位希薇亞，如今回想起來，土生土長的她，身為摩典納人 (modenese)，真是當時做此燉飯的不二人選。在少數幾個帕瑪森起士 (Parmigiano Reggiano) 法定產區的摩典納，帕瑪森起士是空氣般自然不過的存在，家常餐桌上少不了它。剛開始經營私廚時，曾在私廚臉書貼文上寫著：「上面撒上的三十六個月陳年帕瑪森起士是我們的心頭肉，珍貴無比，記得千萬不要浪費呀」，被陌生網友說「廣告不實」，因為「一塊起士六、七百塊就買得到，哪裡珍貴」。當時還有不少老顧客跟此網友來回爭吵不休，小小的造成喧擾，當下覺得心意被扭曲有點不舒服，如今當然已是過往雲煙一笑置之，但陳年帕瑪森起士是珍貴的心頭肉這點，未曾改變。尤其在實際探訪過摩典納當地的帕瑪森乳酪坊後，你會打從心底珍愛手中「幾百塊就能買到」的起士，受到DOC法定產區(Denominazione di Origine Controllata)保護的帕瑪森，從牛奶，不，從供乳牛食用的糧食開始，便是一連串的悉心照護與規範：加熱、靜置、凝乳、懸掛、塑形、浸鹽水、硬化、熟成至少十二個月以上……那是集合多少人力、時間、微生物共同創造的、藝術般的產物呀。

多年前跟希薇亞在倫敦餐廳工作認識，我們是整間廚房唯一的女生，她比我早來工作，開始時幾乎成為我的心靈支柱，幾個主廚經常咒罵、書本上學不到的義大利粗鄙髒話，也是透過希薇亞耐心翻譯學會的：

主廚（罵同事甲）：「你他媽的 xxxx。」

我（不怕死開心重複）：「xxxx。」

我，學到新詞太欣喜如狂，再度不怕死：「xxxx。」

主廚（臉色鐵青）：「你說什麼？再給我說一次看看！」

希薇亞臉瞬間刷紅，小聲叮囑：「不要再重複了，不要說那個詞！」

一邊出言試圖緩和主廚情緒，邊拖著我往廚房外撤退。

場面之雷霆萬鈞，令我對那詞至今難忘，希薇亞花了很多時間臉紅跟我解釋 xxxx 及主廚一連串罵出的不堪入耳的義大利文——語言之博大、層次之豐富啊，受教了。那天之後大夥兒連番跑來要我重複那天學到的話，目睹一個外國人說出如此高深的詞，也算是不負此生，欣慰極了。希薇亞告誡我，除了廚房這種極端場所外，不適合四處說去，要我就地忘了吧，這事我們到現在都拿來笑鬧說嘴。至於 xxxx 到底是什麼，由於極度不雅，就不在此贅述（只適合廚房這種極端場所）。

在廚房中時常抓空塗塗寫寫，好一陣子我卻專注於當下辛苦，忘記讀書對我的重要，希薇亞可不，越辛苦越要讀書，空班時間再短，也要帶書去公園曬太陽讀，或抓著大毛巾，去附近泳池游個兩圈再回來上班，強身與鍛鍊意志，缺一不可，這是希薇亞在我早期廚師生涯中，教會我最重要的事。

可惜燉飯事件發生後沒多久，她便辭職回義大利了，「怎樣都是家好」，她說。我用彼時被瘋狂、渾噩與昂貴的倫敦生活壓擠（房租、交通費與下班後跟同事一起喝酒吃飯紓壓）、勉強剩下的錢，買了大大超出預算的精美食譜筆記本送她當告別禮。她老看我在筆記本上寫嘛，「我們未來的廚師作家」，這樣暱稱我，而她的食譜筆記本跟日日工作十六小時過度操勞的我們一樣，早被油煙血漬摧殘而苟延殘喘，薪水卻少到買本筆記本都得咬牙撐著。為了歡送希薇亞，我們在她離開前，決定在午夜下班後，跑去喝酒跳舞、慶祝茫茫未來。路上希薇亞突然脫隊，停在一堵門前，久久不語。門上是幅塗鴉，畫中小女孩，正用粉紅大字寫著：YOuRe NEvER TOO Young To dREAM BIG。

yOU'Re NEVER
TOO YOUNG TO
dReam BIG

PIAZZA
DEL GRANO
chiesa auditorium
di San Francesco
castello

那之後我與希薇亞多年不曾見面，她終於找到信任的合夥人，從當初那個擅長做麵餃、能煮出驚天動地燉飯的麵台廚師，晉階成為餐廳主廚，休假時，就跟伴侶四處旅行。工作辛苦，生活卻愜意不少。再見面時我們都處在與最初不同的心境，能聊的可多了，工作景況、值得注意的新餐廳、葡萄酒、旅行計畫。我們不是在希薇亞掌廚的餐廳品嘗她的新菜，就是相約去些偏遠、難到達的餐館，譬如一間在摩典納郊區湖邊，景緻優雅、食材講究的餐廳，吃用豬油炸的麵團 (gnocco fritto) 配冷肉、摩典納地產的香腸做的餃子，跟與主廚相談甚歡後送上桌的隱藏菜色。半夜十二點，我、老義與希薇亞更趁著酒酣耳熱，跟主廚在餐廳花園中四處探訪，東聞西嘗餐廳栽種的各種珍奇香草，廚師對廚師那樣暢快討論：這草，尾韻帶點含蓄的黃檸檬香氣，切碎撒在奶油為醬的鴨肉餃上正好……諸如此類，到凌晨兩點半，餐廳準備收攤了都不捨離去。

終於有機會到希薇亞家學做傳統摩典納菜的那天，勞師動眾，希薇亞爸爸、媽媽、兩個阿姨跟同居伴侶都出現了，阿姨們脂粉略施，身著涼爽透氣洋裝，顯得精神奕奕，說：「我們來做餃！」

勿怪我老把餃子啦、蛋黃麵啦掛嘴上，摩典納所處的艾米利亞羅馬涅大區，是新鮮蛋黃麵 (pasta fresca) 搖籃，也怪不得我請阿姨們教一些「每天都吃的家常菜」時，十道有八道都是新鮮蛋黃麵。我們從揉麵開始，做了上百顆瑞可達起士餃──常吃的菠菜瑞可達餃，到了摩典納，是用莙薘菜與瑞可達起士混合做餡──兩個阿姨以三秒一顆的速度飛快做餃，希薇亞在一旁準備麵醬，老義興味昂然四處拍照，我則負責揉麵、煮麵。那天上桌的，還有肉醬寬扁麵、奶油生火腿帕沙特里麵，學義大利菜多年，日夜揉麵、擀麵，那幾乎有種基礎功總驗收的意味。

2019 年底，我終於也開了餐廳，心心念念想著湖邊那晚、以及後來再訪希薇亞餐廳吃到的炸麵團，跟希薇亞要了食譜（炸麵團配沙拉米冷肉是那一區的經典吃法吶），說絕對要擺上開幕菜單。中間反覆試驗食譜、因應氣候跟保存方式，來回比對、修改做法，跟她討論許久。希薇亞看到成品照片，欣喜道：「要是不知道你在台灣，還以為這是哪家摩典納餐廳裡供應的菜呢。」不久後，希薇亞傳訊來，跟我要我的佛卡夏與 grissini（義大利麵包棍）食譜，換她想用在自家餐廳。

Prima di scegliere l'amico bisogna averci mangiato il sale sett'anni ——義大利連諺語都不離吃——這句說的是：「與人交友前，必須一起吃過七年的鹽。」真要說來，我們這段超過七年的友誼，分享過的不只鹽，還有油、酒、麵團，以及各式各樣的食譜（從佛卡夏麵包到台灣刈包都有）。喔，別忘了多年前我們窮得只剩條小命、趁夜店推出「憑薪水條 1 英鎊入場」才能去大玩一場的光輝歲月，在那預告著各奔未來的一晚，那張希薇亞背對鏡頭、正對街頭塗鴉畫肅然起敬的照片：YOuRe NEvER TOO Young To dREAM BIG。

奶油生火腿帕沙特里麵 Passatelli con prosciutto crudo e burro
Anna Sala, Gabriella Parenti

以製作方法為名的帕沙特里麵，義大利原文 Passatelli，「passa」有通過之意，因為做此麵時需將麵團放入馬鈴薯壓泥器中，輕輕一壓，便跑出一條條可愛小蟲，是艾米利亞羅馬涅 (Emilia Romagna) 的著名傳統菜色之一。經典吃法是以雞湯煮過，連湯一起上桌吃。

首先來做帕沙特里麵：
5 顆全蛋打散，與 200 公克刨絲的帕瑪森起士、100 公克 00 麵粉、200 公克麵包粉、現磨少許肉豆蔻粉（說少似乎有失公允，其實這裡時常會加入大量肉豆蔻，使成品有著迷人的肉豆蔻香氣）、鹽；若想試試傳統以高湯版本的帕沙特里麵，麵粉量要減為 30 公克，預防麵在湯裡散開；帕沙特里麵團不需要休息，可立即壓製，壓出長約 4 公分的「小蟲」即可用刀切斷，在煮滾的高湯中放入麵（可以直接壓製入湯，也可以在一旁壓完、上面撒點麵粉防沾，再入高湯煮），麵一浮起就表示煮好了。

醬汁呢，在平底鍋裡熱點奶油，再將同樣產自此區的生火腿切絲放入即可，簡單又好吃。麵撈進奶油醬汁裡，手持鍋子稍微繞圈使醬汁與麵結合便完成。

Passatelli con prosciutto crudo e burro

莙薘菜瑞可達起士餃 Tortelli di bietole e ricotta
Anna Sala, Gabriella Parenti

艾米利亞羅馬涅區是新鮮蛋黃麵起源地，各種麵型精彩齊放，其中菠菜瑞可達起士餃更是不可少的家常餐桌重點，摩典納傳統中，則用莙薘菜、葉用甜菜 (bietole) 來做，莙薘菜如今在台灣一些菜市場跟超商可找到。

首先揉麵：10 顆全蛋、900 公克麵粉、100 公克杜蘭小麥麵粉，成團後包起放冰箱靜置 30 分鐘。內餡則將洋蔥切碎了與蒜碎、莙薘菜跟一點奶油一起煮軟，切記一定要收乾後切碎，並跟瑞可達起士 (Ricotta) 跟帕瑪森、鹽跟肉豆蔻粉混合成餡。

將麵團擀平（或用製麵機壓到刻度為倒數第 2 小的薄度），切成約 7 公分的正方形，將內餡放在麵片中心點上，兩邊沾點蛋液，再將麵片對折為三角形、確定內餡周圍有被麵皮確實包裹住，切記不要讓空氣跑入，接著抓住兩邊角往自己的方向折，並將一角包蓋住另外一角固定，便能做出一顆顆小帽子般的麵餃了。

最經典的麵醬搭配，莫過於以奶油做醬，加入新鮮鼠尾草葉，此外，家家戶戶都有各自版本的肉醬也常用來搭配此餃。

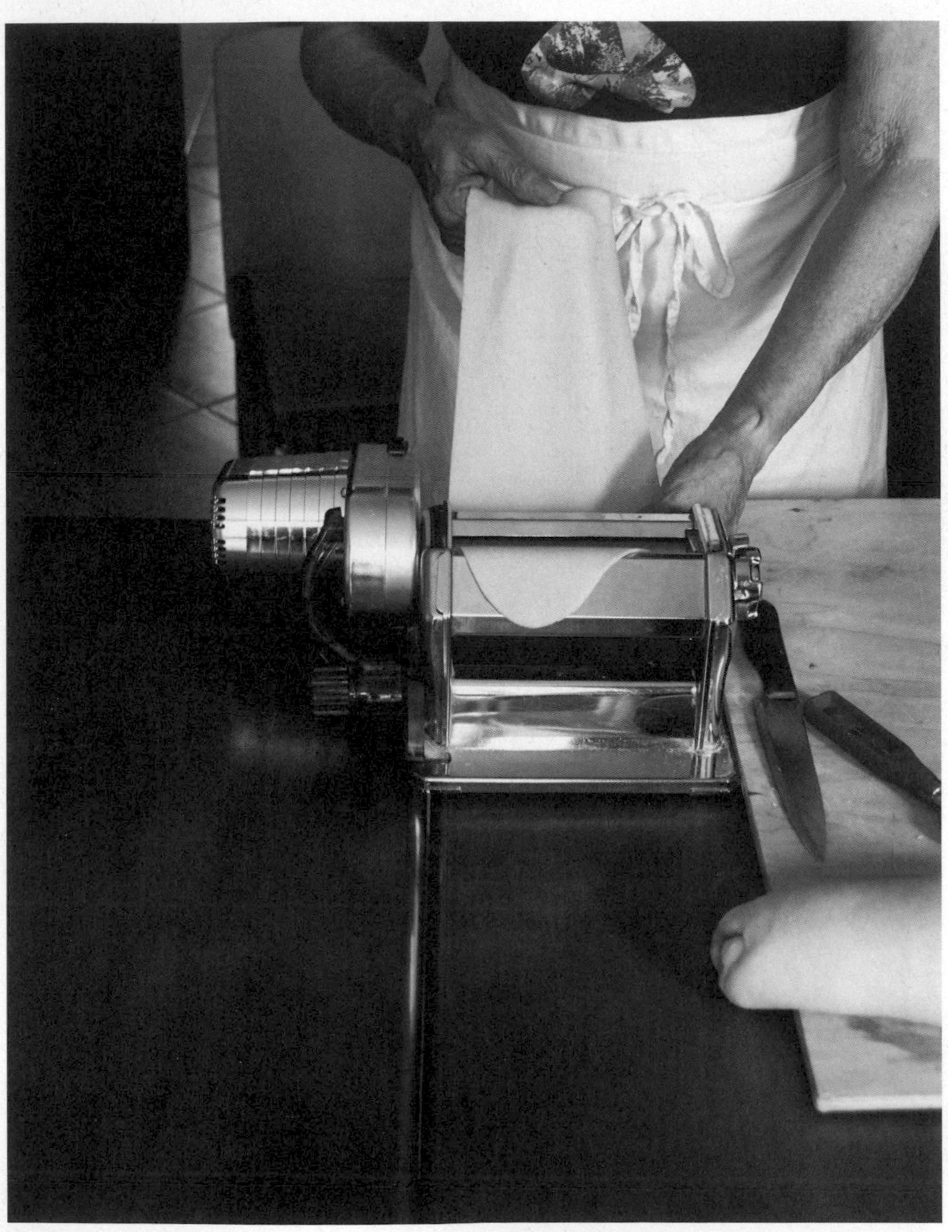

CENTRO ACUSTICO ITALIANO
da oltre 40 anni a Modena professionisti dell'udito
- Prova dell'udito e consulenze gratuite
- Apparecchi acustici delle migliori marche
Siamo a pochi passi da qui, vieni subito a trovarci
CORSO CANALGRANDE 28 - MODENA - 059/ 23.71.77

站在傳統的根上往前走

大多時候旅行都被過譽了，與吃飯一樣，這項本來應屬生物本能的行為，卻被過度歌功頌德，連一碗白飯都不能閒來無事張口猛嗑。本系列文章也是助長此風氣的共犯之一，在此向各位道歉。

試想在遠離地面 8000 米高空，恐慌坐在鐵包的飛行物中（我學物理的朋友說，說真的，連我都對它感到不可思議與難以信任），吃平時碰都不想碰的難聞食物（放在塑膠盒裡能放進嘴巴的東西，姑且稱之為食物吧）；若你像我一樣害怕飛行，在歷經十幾小時的煎熬後，還得想方設法到達目的地，一路上被異地可能發生的偷拐搶騙嚇得心神不定，還沒完呢，什麼都想吃想看的焦慮、找路迷路的神經耗損，還有成天不停地走路、搭地鐵，在陌生語言環伺中求生存，還有熱門景點的洶湧人潮、排隊、找個地方歇腳又被當大爺坑，如此一折騰，旅行第三天卻已人仰馬翻，覺得不如窩在家吃碗湯麵來得痛快。

當然我這趟旅程有點不同，我們遠離所有熱門景點，在石頭路上拖著行李箱，等火車、等公車，去那些義大利朋友口中「在羅馬」，卻離羅馬市區十萬八千里遠的山上。如此舟車勞頓了近兩個月，才又北上來到摩典納，行李箱上多了幾道刮痕，出發前接的睫毛已稀疏，往不同方向各憑意志生長，當晚就要去吃蟬聯幾年「世界五十大餐廳」(The World's 50 Best Restaurants) 第一名的餐廳 Osteria Francescana。我們拖著行李在當晚住宿民宿旁的公園等房東開門，旅伴兼攝影師老義在大石頭上屁股一沾便睡著了，我還在跟剝落的腳指光療奮鬥，拙劣地拿指甲油蓋住那斑駁。你不會想帶著斑駁的腳指甲上米其林三星餐廳吃飯，何況是在義大利這個凡事可以隨便，儀容不能隨意的國家。老義說：「你快找個沙龍解決一下吧？那睫毛！那指甲！哎呀！」神情之哀痛彷彿我剛打了他家的狗。

我們出發前四個月訂位，用餐前一天「世界五十大餐廳」正好公布新年度名次，Osteria Francescana 再次拿下龍頭寶座。用餐前我們提早到餐廳附近繞，不太起眼的門口早已懸掛大面義大利國旗，紅色大字寫著 #1，歡慶心情不言而喻。摩典納這座古城並不大，中心廣場附近台階上傳來一陣喧嘩，原來是 Osteria Francescana 全體員工，包括主廚馬西莫博圖拉 (Massimo Bottura) 跟其妻小（同樣是餐廳靈魂人物）集體合照並接受訪問呢。圍觀的觀光客、當地人全都被歡樂氣氛感染，普天同慶那樣替他們歡呼。

這裡就不贅述當晚在 Osteria Francescana 的用餐細節與菜色了，我非專業食評，只是好吃的廚子去偶像廚師的餐廳朝聖罷了。那餐與我們對它的期待有落差，也不同朋友在它還是二星餐廳時吃到的驚豔。我的觀察重點還是一個廚師如何在傳統飲食上，加入自己的觀點；一個現代廚師，如何在飲食文化深厚如義大利的國家，用有態度的菜，在家鄉站穩腳步，並獨排眾議的說：「這是一個新時代，我們不能再死守傳統，必須站在傳統的根上，往前走。」這在義大利是多麼有膽的事啊！而一開始並非如此順利。馬西莫歷經的挫折在 Netflix 紀錄片影集「主廚的餐桌」Chef's Table 中有提到，馬西莫開始顛覆當地媽媽菜色之時，可想而知被世人批判為離經叛道的行為（怎麼能改造神聖不可侵的高湯小餃子 tortellini 呢）(註 2)。有趣的是，我這餐恰巧吃到小餃子的變形版：Tortellino in crema di Parmigiano Reggiano，用帕瑪森起士做成的醬汁取代傳統的高湯，以及獵人燉雞變形版：狀似馬卡龍的一口前菜，中間內餡小小一口卻融合了獵人燉雞這菜的所有滋味。兩者都是再傳統不過的菜色，光是獵人燉雞（或獵人燉兔），我在進行此趟做菜計畫時，就有三個媽媽不約而同開出這道菜，它的普遍程度可想而知。獵人燉雞變形版的詮釋出神入化、讓人驚嘆，小餃子的變形版卻讓老義皺眉——那是他吃了一輩子的媽媽招牌菜呀，花了大把銀子可不想吃到做差一級的媽媽菜——這之間的微妙該如何拿捏，很值得吾輩廚師思考。

主廚馬西莫與 Osteria Francescana 在全球爆紅，使摩典納除了法拉利、

註 2：tortellini
艾米利亞羅馬涅大區的傳統經典菜，家家戶戶都會做的日常主食。

瑪莎拉蒂等超跑聖地的頭銜外，又多了供世人朝聖的誘因；這城市本就充滿活力，餐廳酒吧林立，氣質良好的時髦年輕人也成為城市妝點之一，讓人願意這城這巷，就是未來原型。身為外來者，我無法評斷餐廳爆紅對當地人的影響，促進城市發展倒是顯而易見，他們的感想呢？我倒是沒問，卻想起這件事：

朋友希薇亞掌廚的餐廳離 Osteria Francescana 並不遠，每次回義大利我們都會繞去摩典納找她吃上一頓。她的餐廳在城中一條小巷子裡，窄巷走到一半，便能聽到餐廳音樂跟客人歡快談話的愉悅氣氛——那是餐飲版圖上另一面風景，跟米其林餐廳代表的意義大相逕庭——它們有品味良好的豐富藏酒，小產量且品質極好的舊世界葡萄酒，菜色是希薇亞擅長的艾米利亞羅馬涅經典菜色，再加上她與合夥人們的巧思。菜單選項精簡到位，價格合理，是那種想放鬆吃一餐時會選的餐廳。晚飯後，我們還眷戀那輕鬆氣氛，賴著聊天喝酒，一群廚師哄鬧走入（這一行做久了，你一眼就能分辨出剛下班的廚師），跟老闆打招呼討酒喝，他們是 Osteria Francescana 的廚師，希薇亞此時也剛下工，出來陪我們喝一杯，輕鬆地說：「這群傢伙常常來我們這吃吃喝喝。」

這訊息在有心媒體處理下，可能會寫成：爆卦！世界第一名餐廳主廚都在這裡吃飯！或：三星主廚的私房餐廳大公開！

而希薇亞跟她夥伴們卻只是說，喔嘿，你們又來啦？喝一杯吧。

Save Water.
Drink Champagne.

#1
22

巴薩米克醋煎豬肉片 Scaloppine all'aceto basalmico
Silvia Cottafavi

我若是巴薩米克醋，心裡肯定很不是滋味，簡直被過度利用到爛了嘛。無論是否對味，什麼菜上面最後都要淋上黑黑濃濃的液體，然後稱之為義式什麼什麼菜，用的也大多非巴薩米克醋，而是冒牌的黑色甜膩可疑醬汁，品質好的陳年巴薩米克醋適合單吃品嘗，或是搭配冰淇淋、起士、水果等，拿陳年巴薩米克醋做菜，根本是糟蹋食材也糟蹋醋，跟那些逝去的寶貴時間。

若要以巴薩米克醋入菜，這道來自巴薩米克醋家鄉摩典納的菜色，倒是很好的詮釋，這時先請高級陳年巴薩米克醋休息吧，拿出非 I.G.P 或 D.O.P（地理標示保護制度、原產地名稱保護制度）標準的醋也行，但還是要小心認明是否只是加了色素魚目混珠的酒醋。

希薇亞教我的食譜，便是善用巴薩米克醋的好例子：平底鍋內放約 50 公克無鹽奶油，小火煎至奶油溶化（勿使之變色），切成 1 公分厚的豬里肌片，兩面沾少許麵粉後入鍋，兩面煎至上色、加鹽調味，淋入半杯巴薩米克醋、少許糖，煮至醬汁稍微收乾濃稠後即可，成品或許不甚美觀，但味道可是很溫柔的喔。

Scaloppine all'Aceto Balsamico

GIUSTI
1605

Chapter 3
托斯卡納
Toscana

Lombardia
Veneto
Emilia-Romagna
Liguria
MAR
LIGURE
Toscana
Marche
Umbria
Lazio

CERES
CERES

聽，豆子還在唱歌吶

「在抬頭就能看見大教堂的廚房煮了整個下午的菜，重新認識做過好多次的雞肝醬烤麵包片。下午四點，全世界的雨都從天上傾倒下來，倒是很適合煮豆子湯、烤栗子糕（castagnaccio）的天氣。雨後，我們沐浴在透亮的陽光下晚餐。明天要做南瓜花來吃。」

媽媽 Gabriella（音似蓋布莉耶拉，後稱她為蓋布莉媽媽吧）住在佛羅倫斯市中心，跟當初我在佛羅倫斯上學時需步行三十五分鐘住的市郊區不同，那是距離佛羅倫斯心臟聖母百花聖殿 (Cattedrale di Santa Maria del Fiore，又稱 Duomo) 十分鐘內步行距離的市區，近到晨起時窗戶一開，邊伸懶腰就能一眼看到 Duomo 那著名的磚紅色穹頂，卻巧妙避開市中心的觀光塵囂。

蓋布莉媽媽七十九歲，身穿藍底花上衣、耳垂上垂墜式珍珠耳環前後擺動著，一頭金髮，看來硬朗極了。女兒安娜心疼媽媽勞動，主動擔下帶我採買的任務：「媽媽年紀大了，我陪你買菜去吧。」我們於是帶著媽媽列的食材清單，在漸漸下起雨來的佛羅倫斯採買。其實清單大抵是不需要的，安娜年年月月跟媽媽下廚，什麼菜需要哪些材料早就印在腦裡，哪還需要什麼食材清單呢。

造訪前，我用信件或電話跟媽媽們溝通，做平常喜歡做的家常拿手菜、及週末會做的豐盛菜色即可。想著在不同家庭做了相同菜色也好，可研究其中差異，不也挺好玩的？於是拖著行囊，裡面裝著刀具包、筆記本、給媽媽的小禮物。上門時，要做什麼菜、需要多少時間，一概不知。只能藉著採買的食材略猜一二：雞肝、檸檬、鯷魚——那八成是佛羅倫斯著名的雞肝醬麵包片了？鮮紅亮眼的水果、紅酒、麵粉、豆子、栗子粉，又是要做些什麼呢？

更年輕一點時，我老愛那種天空深處狠狠下下來的雨，被世界末日困住那樣絕決的浪漫。多吸引愛幻想的少女的心啊。當然年紀稍長，理智也跟著長出來：一出門就下雨可是會煩死人的。不過仍喜歡在食材買齊後，在家好好煮頓飯。那幾天的佛羅倫斯正是雷雨交加，煮飯的絕佳日子，我、蓋布莉媽媽與家中調皮搗蛋、毛柔細軟的小狗困在屋裡，哪也不去，什麼都不做，當然就集中精神煮飯。

廚房牆面由底端的深藍綠色與上層的白牆面組成，同樣漆白了的木窗大開，望去便是天井下的小片花圃，要什麼香草伸手摘便成，光從天井射下，恰巧照在牆邊齊腰的大木櫃上，那裡儲存了製麵機、鍋具、馬鈴薯壓泥器跟各種醬料，揉麵自然也在上面，揉麵板隨時架在上方，馬鈴薯麵疙瘩、pici 粗麵、麵包……全自此產出。小狗不時趴在木架邊緣探頭探腦，就想分點殘渣吃。

可惜牠運氣不太好，做豆子湯 (Zuppa Lombarda)，沒什麼紅利能給牠。媽媽將前一夜泡水過夜的豆子沖洗過後，與鼠尾草、大蒜跟水一起下鍋煮，蓋上鍋蓋後說，我們可暫時忘記它了。等待時間也沒閒著，做 Castagnaccio，這是一種用栗子粉做的糕，奧烏圖諾時節 (autunno) 的標準糕點。autunno，媽媽唸起秋天像是手捧珍寶那樣，眼神閃亮而語氣慎重。將栗子粉過篩，加鹽、橄欖油、水與葡萄乾做麵糊，比例呢？你問我。在義大利家庭是不需白費唇舌問任何細節比例的，媽媽像調製神秘藥水那樣，這裡加一點，那個放多一些，用眼舌感官主導味道稠度，「你知道嗎？」媽媽清清喉嚨說，你若吃到加了牛奶跟糖的栗子糕，就知道那不是佛羅倫斯人做的，我們這裡只加鹽，知道嗎？除了鹽啥都不加，我在筆記本上寫下叮嚀，加雙底線以表尊重。

麵糊經過三番兩次調整檢查後，平鋪在長烤盤中（家中吃的喜歡如此矮矮好入口），媽媽開始在淡褐色麵田上插秧：依次鋪上核桃、松子、刀子削下的柳橙、檸檬皮片與剛摘下的迷迭香，再淋上大量橄欖油烤。栗子、橙香跟迷迭香的香氣擁抱相融，從烤箱縫隙竄出秋天的豐盛，折騰死我跟小狗了，兩人一同趴在烤箱旁，眼巴巴望著栗子水田慢慢豐腴成形。媽媽笑：

「你這貪吃鬼！」也不知是在罵我倆之中的誰。

一旁爐上的水沸滾，卻聽到豆子在裡頭咖咖作響，”I fagioli ancora cantano!”(豆子還在水裡唱歌哩)，媽媽淡淡說了一句，也不開鍋查看。豆子還在歡唱表示還硬著呢，看都別看，我卻覺得詩意極了，唱歌跳舞又秋天收成的，夫復何求？

用餐前，安娜著手擺設餐桌：第二道主餐的平盤上，疊著第一道主菜湯盤，其上再放上摺疊整齊的小蕾絲白餐巾，水杯與酒杯整齊並排在盤子右前方。然後便推出寶藍色小餐車，大船停泊港口般在餐桌側邊延展了我們的午餐風景，上頭井然有序擺著餐後水果：紅豔的桃子、加了烘烤過松子的芝麻葉洋蔥沙拉，一旁透明花瓶則插著剛從中庭花圃採下，既實用又好看的新鮮迷迭香與鼠尾草，像室內薰香那樣放送陣陣清香，催得我們心醉。當然也沒少了安娜隨興做出的水果沙拉Macedonia：紅酒加了糖、柳橙皮，將桃子李子切大塊後——「如此較有口感，我更喜歡呢。」她眨眨棕色的大眼如此說著——拌入，上面撒上一些增添口感的松子或杏仁以及新鮮薄荷葉。推車底端，則放著酒水、鹽油酒醋等調味料。這推車是義大利待客哲學的終極詮釋，酒水、餐後可食的配菜及水果甜點一應俱全，如此一來，賓客愉悅用餐到尾聲，酒酣耳熱之際，主人也無需起身，只需從一旁推車上，將甜點、水果一一送上桌，需換下的餐盤也只要收齊放上推車即可，多便利，多優雅！

我們開始吃豆子湯與雞肝麵包，托斯卡納產橄欖油盛在造型俐落的小銀瓶中，往湯碗中一倒，將湯中鼠尾草、大蒜跟白腰豆的滋味一把攪起，好吃極了。佛羅倫斯的雞肝麵包一直是我的最愛，粗曠又溫柔，而媽媽的版本加入鼠尾草跟檸檬皮提味，雞肝醬彷彿得到新生。其中我最期待的當然就是栗子糕了，栗子粉淡雅的甜味，隱隱的接納了其他材料的鮮明，大家各自精采又不喧賓奪主，合力唱響了秋日豔陽天。

安娜好意將我排在正對Duomo大教堂的位子上，每道菜的中間只消抬頭，便能看到多年前一見鍾情的Duomo（每次再見它都越愛越深），天轉晴，陽光閃爍在大教堂穹頂上，照射它一如往常莊嚴敦厚的美。卑劣如我幾乎沒有信仰，然而這種時候你只能全然臣服：頭上肯定是有神的。我屏息，這肯定是最美好的一餐。小狗在旁啃著媽媽賞賜的栗子糕，嗚嗚嗚地附和著。

給倫巴底亞人的，豆子跳舞湯 Zuppa Lombarda
Gabriella Vignali

這一道徹頭徹尾的托斯卡納菜，卻有著倫巴底亞區的名字「倫巴底亞湯」，其實應該稱為「給倫巴底亞人的湯」，此湯源自 1880 年的佛羅倫斯，一群從倫巴底亞大區南下修築鐵路的礦工，在長時間耗費精力的輪班結束後，找不到能吃上一頓熱飯的餐館，有人便想到用當時最容易找到的便宜食材：隔夜麵包、白腰豆 (fagioli cannellini) 與托斯卡納小丘陵上產的橄欖油，做一頓熱騰騰的便飯給礦工們吃，於此流傳下來，切記黃金原則：材料越少的菜，用料更該選得好，尤其那淋在上頭的橄欖油。

將白腰豆在水中泡至少 12 小時，沖水後放入深鍋中，放入約豆子深度的 2.5 倍水、大蒜 3 瓣、橄欖油、鼠尾草，並用鹽與黑胡椒調味，鍋蓋蓋上後，煮約 1 到 1.5 小時，直到豆子軟，「不再唱歌為止」。

上桌後在湯碗中盛入豆子、兩片麵包片，倒入煮豆子湯汁並淋上初榨橄欖油。

Zuppa Lombarda

橙皮迷迭香栗子糕 Castagnaccio
Gabriella Vignali

栗子粉 (farina di castagna) 過篩，加鹽（我們這裡只加鹽，知道嗎？除了鹽啥都不加）、橄欖油、水，將稠度調整至麵糊那樣既不稀也不過稠的程度。知道你要怨恨我了，比例來了：麵粉 200 公克、水 350 公克是我反覆測試後的結果，加入葡萄乾。長形烤盤上鋪烤盤紙、淋點橄欖油後，把麵糊倒入鋪平，再將切半的核桃、松子、切小塊的柳橙皮片，與小株小株的迷迭香尖頭，插秧那樣插上，最後再慷慨淋上橄欖油，放入200度的烤箱，烤到熟為止——老方法，把刀子尖端插入栗子糕中，刀上沒有沾著溼黏麵糊即可。剛出爐的栗子糕大唱著秋天禮讚。有夠迷人。

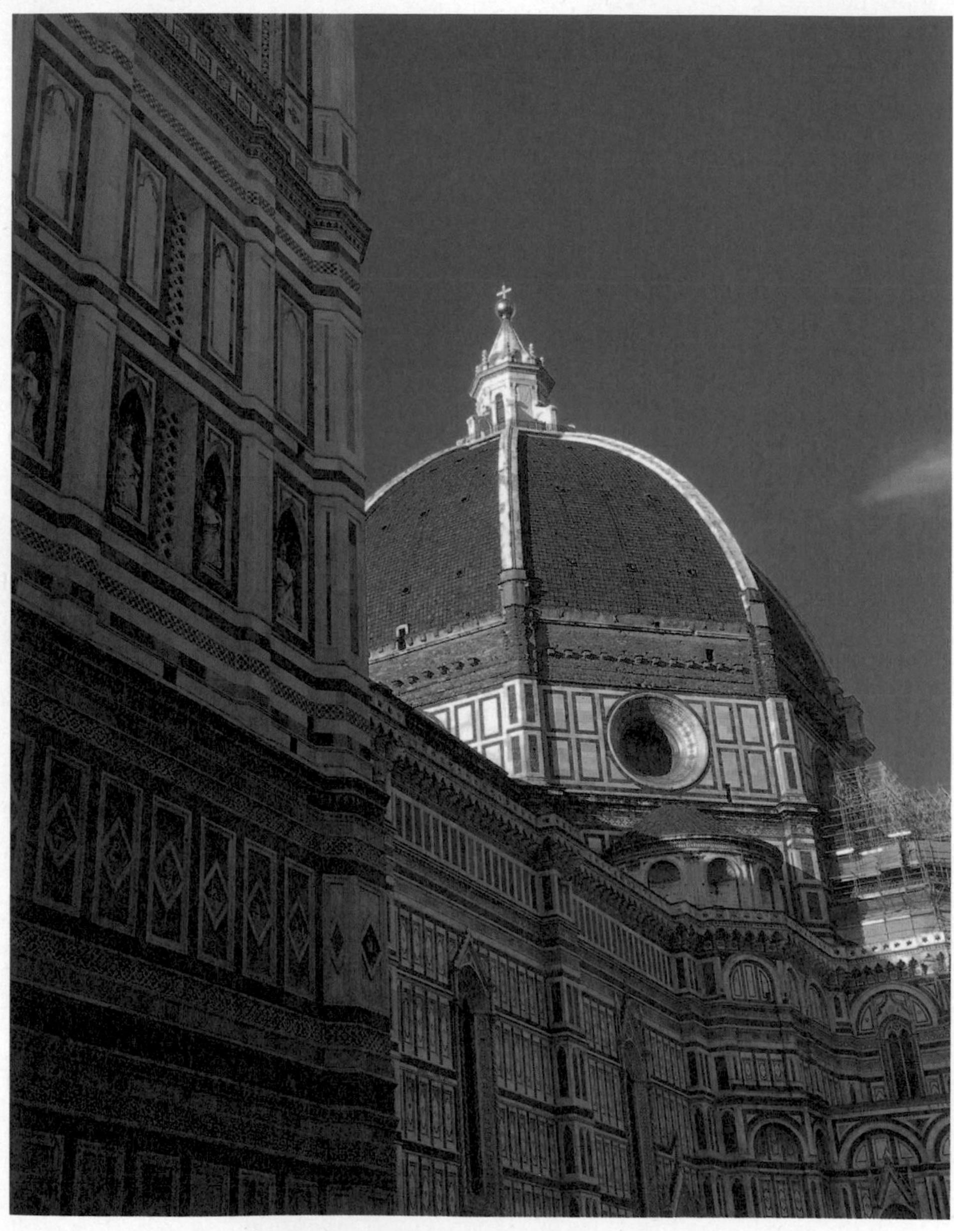

櫛瓜鑲肉 Zucchine Ripiene
Gabriella Vignali

圓櫛瓜去蒂挖洞後，將本身的「肉」與絞肉混合，加上切碎的鼠尾草、百里香、月桂葉、馬鬱草、跟蒜碎，以鹽、胡椒調味後炒熟上色，拌入打散的蛋液與帕瑪森起士，再塞回櫛瓜內，喜歡的話也可加入稍微切過的酸豆或橄欖，用 180 度烤到上色即可。櫛瓜若比較大顆，可在挖洞前放入鹽水裡煮一下，再與內餡一起入烤箱烤。

在蓋布莉媽媽家裡一起做這道菜，所有的香草都是陽台種的現剪現用，若改成乾燥香草，則要切記乾燥香草味道較重，不要放太多了，反而蓋過食材原味。

Zucchine Ripiene

佛羅倫斯雞肝醬麵包片 Crostini di fegatini
Gabriella Vignali

這道菜在佛羅倫斯這座小城裡處處可見。我在《獻給地獄廚房的情書》中寫的食譜是佛羅倫斯烹飪學校與老師家常食譜的融合，蓋布莉媽媽版本的滋味又更豐富了，更得我心。

佛羅倫斯雞肝醬，相較於法式肝醬的溫和柔軟，更鄉村，有著毫不遮掩的溫暖滋味，真心喜歡雞肝風味的人，可是會徹底愛上它的。害怕雞肝的腥味，可將之泡入白醋與水 (1:1) 中約半小時再行烹煮。

蓋布莉媽媽在大雨傾倒不停的午後，是這麼做醬的：起油鍋炒少量西洋芹、洋蔥 1 顆、2 片鼠尾草、半顆黃檸檬皮切 2 公分左右小塊，蔬菜微軟、甜味釋放後放入清洗乾淨切小塊的雞肝、鹽、白胡椒（味道更溫和不衝突），充分攪拌後，加入半杯紅酒，續煮到汁液微乾，起鍋放涼。蓋布莉媽媽的食譜精彩在各種驚喜風味的融合，黃檸檬皮、鼠尾草還不夠，雞肝放涼後，跟少許切碎的酸豆、鯷魚醬或整條油漬鯷魚與奶油一起放入食物調理機打碎，注意要留點口感，不要打到完全柔順，才是標準作法。將之抹在麵包片上，就是一道典型的佛羅倫斯開胃菜。喔，如果想讓味道更濃郁，加入 2 匙自製肉醬 (ragù) 吧。(註 3)

水果沙拉 Macedonia
Anna

Macedonia 水果沙拉不僅時常出現在義大利餐廳、路邊小店的菜單上，也常出現在家庭風景中，其實就是把當季的水果切成丁，倒入鮮榨的檸檬汁與糖，攪拌過後就是清爽的飯後小點。安娜的做法則是紅酒版本的Macedonia，紅酒加了糖、柳橙皮，將喜歡的水果切大塊後（「如此較有口感，我更喜歡呢。」她眨眨棕色的大眼如此說著）拌入，上面撒上一些增添口感的松子或杏仁以及新鮮薄荷葉，成為完美的一餐結尾。

註 3：ragù

義大利各家都有私房版本的肉醬，一次做一大批，配麵、配餃子、做馬鈴薯麵疙瘩，最普遍的做法是以蔬菜三寶 (soffritto)：洋蔥、胡蘿蔔、西洋芹，與牛肉加豬肉與番茄、紅酒熬製而成。蓋布莉媽媽家中隨時都在冷藏或冷凍備有一些肉醬，做雞肝醬時，將常備肉醬放一點進去，滋味更豐富。

T. TARTUFI FRESCHI

醋與日子的配方

安娜媽媽 (Anna) 今年八十歲，初見面時，照慣例敬稱她 Signora（女士），「叫我安娜就好，女士不女士的，這麼老。」住在佛羅倫斯輕軌電車站 (Tram) 附近一間寬敞寧靜公寓裡，現下人生有三件大事：兒孫回家、每週兩天與姊妹們聚會、與風度翩翩的男友羅密歐約會。

週三早晨八點半，安娜穿著襯其膚色的藍色豹紋上衣，戴著辣椒般紅豔石子項鍊，整個人精神極了，今天的例行任務是替姊妹讀書會烤餅乾當點心、替孫子做午餐，晚餐時間呢，則要跟男友約會。如此爆滿的行程，還得擠出時間給來學菜的亞洲女孩、教她（也就是我）做些家常菜。既然如此，就把亞洲女孩擠進生活作息裡吧，還有什麼比這更家常的呢？

首先替小孫子準備午餐，家家戶戶必備的簡單肉類料理，安娜自然有自己的版本，拍扁的豬里肌肉片均勻裹上麵粉、鹽、麵包粉與自家製香料 battuto——迷迭香葉、鼠尾草和大蒜，一比一搗碎了做成的粉末——像簽名般，在拿手菜裡頻頻出現——平底鍋中放入橄欖油、奶油、一顆拍碎的蒜與鼠尾草，肉片放入後兩片煎至上色，加入半杯白酒煮至汁液收乾、起鍋前淋點檸檬。

配菜呢，則是家中餐餐都會出現，孫子最愛的祖母牌番茄麵包片：蒜碎在橄欖油中煮軟，加入去皮切丁番茄 (polpa)、鹽、乾燥奧勒岡、一小匙略切的酸豆、一點自製辣油，煮約 30 分鐘，到番茄甜味釋出、所有食材味道融合為止，起鍋後將麵包切片烤過、抹點蒜頭，再放上煮好的番茄醬即可。這麼簡單的一道午餐卻美味無比，我在之後好幾個午後，時常這麼做來吃。

Battuto 不僅可用於豬肉，隔天中午，安娜決定讓我吃吃她的拿手菜獵人燉兔。切大塊的兔肉在水與白酒醋中（1:1）浸泡半小時去腥，然後洗淨、擦乾後，撒上 battuto，再用橄欖油煎上色，加點水、蓋鍋蓋煮約五分鐘，開大火，加一杯紅酒續煮，老規則，你不會希望酒精嗆味殘留在食物中，繼續煮到你將鼻子往鍋上一湊，聞到酒的甜為止。然後淋上辣油、將牛番茄去皮、切小塊後放入煮軟就好，配上烤到焦黃的馬鈴薯塊就是完美的一餐。

若只能用一句話呈述義大利菜代表的意義，庶民菜大概是其最精華的釋義，原文稱為「cucina povera」，直譯：窮人料理。一直以來我都對此概念著迷不已：事實上的貧窮，不全然代表精神貧窮。貧窮料理的真意，是用極少的資源，發揮創意，抖擻地向四面發揮的好例子。其中「Panzanella」麵包沙拉便是，因此讓我情有獨鍾，它源自托斯卡納 (Toscana) 與馬爾凱大區 (Marche) 等義大利中部區域。將隔夜老麵包換個面貌上桌，安娜解釋，「加了番茄、小黃瓜等版本，都是後來的事了」，真正的麵包沙拉，是只放洋蔥與甜羅勒，扎扎實實的窮人料理。將紅洋蔥切細絲，冷水沖過後放進白酒醋裡醃，讓它在醋裡泡熟，辛味洗盡、甜味盡出。同時，隔夜麵包切成小塊後，泡入水與紅酒醋中將麵包泡軟（也有人主張水沖過即可，不需要泡到全軟），再用手將麵包擰乾、成為小棉絮球那樣，與洋蔥、鹽、紅酒醋攪拌均勻，再淋上品質不錯的初榨橄欖油，當然別忘記將甜羅勒撕碎放入，畫龍點睛的意義不過如此。麵包沙拉中酒醋的酸味極其重要，安娜的版本更是酸嗆有勁——一吃皺眉，然後立刻會意過來那樣，開胃地吃個大盤才甘心停下。

每週兩次的聚會，安娜與好友們一人備幾道菜，或是一起用餐，或開讀書會，輪到她帶甜點時，總是一早就開始備料，今天做「我很醜，但很好吃餅乾」(Biscotti brutti ma buoni) 跟普拉托杏仁餅 (cantucci di Prato)，我在佛羅倫斯學菜工作時就養成餐後吃杏仁餅搭聖酒 (Vin Santo) 的習慣，倫敦工作的餐廳更是每天大量做給客人當餐後小點，對它有點感情，做時滿心歡喜。做普拉托杏仁餅絕對是需要全情投入的活，麵團做來溼溼黏黏的，成團後還得塑形，在烤盤上排起兩條長龍，讓人不得不捲起袖子、雙手齊用跟它拚了。更別提它得烤兩次，第一次烤完後，早就迫不及待想吃，卻得耐著性子將長龍橫切成小條，排好後再烤一次，烤完質地還不對，非得放涼了，才能開始大快朵頤。吃完兔肉當午餐後，我們把早上才出爐的杏仁餅拿出，沾著聖酒一起吃，餐後酒跟甜點一次解決。

飯後，安娜小心翼翼把剩下的餅乾放竹籃包好，一半給好姊妹、另一半留給男友，今天的任務也算告一段落。在安娜家的最後一天，終於見到跟她同齡的男友羅密歐，羅密歐穿著講究，西裝口袋巾摺得有稜有角，香水淡雅舒服。他知道遠方來了客人，特地來打招呼，跟媽媽約了晚上再見，就這麼輕輕地來、優雅地走了。一起吃完飯後甜點，安娜的一天才開始呢：從容不迫地換裝、輕撲了粉，帶著本週讀書會的指定書跟兩籃餅乾，輕巧愉悅地出門。

感到日子苦悶時，我總想做一盤麵包沙拉，戴上鮮紅鮮綠的首飾，像安娜一樣把生活過得有滋有味：乍吃有點嗆，久了卻意猶未盡，原來醋是這麼用的，日子就該這麼過。

我很醜，但很好吃餅乾 Biscotti brutti ma buoni
Maria Roselli (Anna)

可不是我亂取，義文原名便是如此，此餅乾外表崎嶇不平，故得名。義大利托斯卡納、皮蒙特等地皆找得到它的身影，傳統上以蛋白與榛果製成，安娜的版本包裹了唾手可得的玉米片，也有其愛好者，帶去姊妹聚會時老被一掃而空。

200 公克細砂糖與 3 顆蛋黃、少許鹽攪打至蛋黃呈鵝黃色後，將以下材料拌勻後加入：8 公克的速發酵母、300 公克 00 麵粉與 150 公克融化奶油、切碎的榛果 35 公克與檸檬皮屑。2 顆蛋白打發後再拌入成團，便可將麵團塑型為直徑三公分小圓球、裹上玉米片（稍微用手捏碎才好裹），以 180 度烤 15 到 20 分鐘完成。

Biscotti brutti ma buoni

Cantucci di Prato 普拉托杏仁餅
Maria Roselli (Anna)

此小點源自托斯卡納第二大城普拉托 (Prato)，歷史可追朔自西元 1600 年，傳統吃法是配上同樣產自托斯卡納的聖酒 (Vin Santo)，硬硬的杏仁餅沾上帶有焦糖、蜂蜜風味的聖酒，甜甜的大人滋味。因為太想念於是做了在餐廳供應，熟客吃了說：簡直像在天堂。

400 公克糖與 3 顆全蛋、2 顆蛋黃打至呈鵝黃偏米白色，將過篩的 500 公克 00 麵粉與 16 公克的速發酵母、少許鹽，與 250 公克整顆杏仁攪拌均勻後拌入。2 顆蛋白打發後混入蛋黃混料中拌勻，雙手抹油將麵團在鋪了烤盤紙的烤盤上塑形為數條寬約 6 公分長扁狀——這個步驟若因為麵團過於黏手讓你短暫懷疑人生，就表示你做對了——刷上蛋黃液，180 度烤 25 分鐘後取出，此時雖然已香氣四溢，但請務必忍耐（需要全情投入），放涼約 5 到 10 分鐘後，將麵團橫向斜切成寬度約 1.5 公分寬大小，再將切面向上，進烤箱以 160 度續烤 18 分鐘即可。小提醒：在麵團中加入香草籽、橙皮或黃檸檬皮屑，成品更香喔。

Cantucci di Prato

Chapter 4

拉齊歐

Lazio

MAR ADRIATIC

Toscana

Marche

Umbria

Abruzzo

Lazio

Molise

Campania

MAR TIRRENO

羅馬

夏天再訪羅馬，我急著想吃炸猶太式朝鮮薊 (carciofi alla giudia)，春天大出的朝鮮薊在烈暑中還找得到嗎？我心急如焚，一出羅馬車站連每次都要光顧的羅馬豬肉捲 (Porchetta) 店都不去了，我要抓住季節的尾巴，直奔猶太區 (Ghetto) 老店，「你們還有炸猶太式朝鮮薊嗎？」我問，既期待又怕受傷害。

「怎麼可能沒有？」老闆自豪中帶點輕蔑：「你以為我道上混假的嗎？」愛吃鬼一生不知有多少次撲空想吃美食，在人家店裡一哭二鬧三上吊的經驗，今天有幸受朝鮮薊之神眷顧，一償宿願，還吃了炸鯷魚、炸鑲櫛瓜花、佩科里諾羅馬諾起士胡椒麵 (cacio e pepe)。想拼湊一個地區模糊的飲食概念，在有品質堅持的在地餐廳多少都能達成目的，而非供應各大義大利觀光區餐廳中都能見到的蛤蠣義大利麵、番茄義大利麵，沒有依據、不知所云的菜單。

羅馬，或說拉齊歐大區，在義大利飲食地圖上具有絕對重要性，我羅馬的同事們總在大夥兒飢腸轆轆時端出番茄鹽漬豬頰肉麵 (Bucatini all'Amatriciana)、佩科里諾羅馬諾起士胡椒麵 (Cacio e Pepe)、鹽漬豬頰肉蛋麵 (Carbonara)，那是少數幾道能讓南北義大利人都能心悅誠服的菜，初訪羅馬前，同事馬戴歐在餐廳吧台上，用他剛備料完油滋滋的手，寫給我的旅遊重點清單上，就列了：

— 羅馬競技長（場，被油暈糊了）
— Bucatini all'Amatriciana（番茄鹽漬豬頰肉麵）
— Coda alla vaccinara（燉牛尾）
— Carbonara（鹽漬豬頰肉蛋麵）
— Cacio e Pepe（佩科里諾羅馬諾起士胡椒麵）
— Porchetta（豬肉捲）
— Carciofi alla giudia（炸猶太式朝鮮薊）

彷彿羅馬這座有著 2700 多年歷史的古城，除了那舉世聞名的競技場外，就沒其他值得一提似的。

當然馬戴歐對家鄉食物的驕傲還是有其道理，來到拉齊歐大區不能不提鹽漬豬頰肉蛋麵 (Carbonara)，也就是普遍認知中的「培根奶油蛋麵」，雖然那跟「Carbonara」實為天南地北兩件情。

據傳是當初礦工以易保存又平民的食材，鹽漬豬頰肉、蛋、橄欖油與鹽、（大量的）胡椒組成的美味。是義大利拉齊歐區的名菜，而羅馬更是進而將之發揚光大的城市。

詳盡的歷史就不談了，我們經常在世界各地（包括台灣）所吃到的鹽漬豬頰肉蛋麵，常常是在打散的蛋中加了鮮奶油與帕瑪森起士，但真正的鹽漬豬頰肉蛋麵，不該加入鮮奶油或牛奶，餐廳如此做法，只是因為打散的蛋遇熱，極容易成為炒蛋，加了鮮奶油能降低做成炒蛋麵的風險（不過現在也有義大利餐廳的菜單上出現「失敗的 Carbonara」，有些人還偏愛此味呢）。

較為標準的做法，是蛋打散後加入刨絲的佩科里諾綿羊起司 (Pecorino)（當然很多人也用帕瑪森起士代替，但拉齊歐區主要大宗還是羊奶起士）與大量胡椒與適量鹽製成「醬底」備用，用煎鍋將切小條的鹽漬豬頰肉煎脆後、放入煮好瀝乾的麵，熄火後倒入醬底跟麵攪拌均勻，只要掌握好溫度，就能避免炒蛋麵。

留一點煮麵水備用，是做任何義大利麵都該注意的事，麵與醬結合後若變太乾，麵水此時能派上大用場。

而雖然大家都以易取得的培根製作，標準作法則是用鹽漬豬頰肉，希薇亞（見 43 頁）在她現在掌舵的餐廳裡，做了改良版，即是在麵上放低溫煮過的蛋黃，我認為這做法很妙也貼切，比加了鮮奶油的蛋麵靠譜多了。

無論如何都該試試正宗版 Carbonara ，那質樸強勁的衝擊（切記，大量黑胡椒），將拉齊歐這塊土地的滋味，盡呈盤中。

來拉齊歐大區前，我當然問過馬戴歐，能否去他家蹭飯、矇騙家族食譜，他回：「我媽不會做菜，本廚才自立自強習得一身廚藝。」他大爺這會正在歐洲某個有錢角落過著早出晚歸的廚工生活，也無法回義大利跟我做菜，沒轍，改問嬌小可愛的外場小希，這次倒很順利，小個兒小希人在倫敦，但她兩個阿姨都傳承了外婆好手藝，兩人都樂意讓我去家裡混吃混喝學私房菜。

兩個阿姨的家一東一西，各離羅馬市中心約四十分鐘車程，義大利那交通啊，你若不開車，四十分鐘都能演成三小時的轉等車鬼魅長劇，這本書中類似情節多不勝數，以防各位膩了，我們就省去中間枝微末節的無聊小事吧。（寫稿當下倫敦室友正隻身在義大利旅行，訊息傳來：「又誤點了」，或「說好會開，還是大門緊閉啊」，再或「交通連結也太不順了」、「義大利人是怎麼開車的」等等，我只能搔搔頭，回：「歡迎來到義大利！一切都運行如常，若火車準時、店按時開門，那可不得了，快躲去大使館，大事不妙了。」我真是義大利最佳親善大使。）

造訪小希兩個阿姨家、與她家人一起度過數個愉悅料理午後，她人在倫敦工作無法加入，我們在蘿珊娜阿姨家院子裡採集午餐用香草，生火、和麵擀麵，與阿姨的小孫女跟大狗在園子裡跑來跑去。小女孩才三歲，對家人進進出出為了吃飯四處張羅再習慣不過，吃麵從麵粉與水開始、餐食中的基本蔬菜就跟著外婆在花園中採。我想像才三歲的小希（還沒戴上粗框眼鏡、一邊在餐廳外場打工、一邊支付成為珠寶師的學費前），也曾在羅馬近郊這座小花園裡，享受土地與天倫之樂的滋潤。而到倫敦投身餐飲業後，一日兩餐依賴忙碌的廚師邊咒罵邊做出的員工餐（有時過油過鹹、有時分量太少營養不足），如此反差，恐怕不是計劃中的事。我們在瑪莉亞阿姨小而雅致的家中一起探討拉齊歐大區的經典菜譜，那天，連小希父母跟同樣有著明媚大眼的妹妹艾莉絲亞也都來了，大家七嘴八舌在我記下傳統食譜時提供意見。「跳進嘴裡」(Saltimbocca alla Romana) 不再只是羅馬市區餐廳裡的菜名，或是在佛羅倫斯學藝時老師提及的一道菜，那是由傳統與瑣碎生活碰撞出的文化累積，這趟旅行讓我得以尋常生活的姿態，重新瀏覽一道道學過的食譜，像是：數道羅馬名菜中，正統作法是要使用羊奶起士 (pecorino)，這已不只是一個需要記憶的食譜重點——而是——當你旅至拉齊歐區，家家戶戶桌上的起士，已從北部的帕瑪森起士 (Parmigiano Reggiano)，悄悄轉變為羊奶起士，理所當然地，當地人在做此道料理時，用的也是冰箱裡總是常備的羊奶起士。這麼平凡的事實，卻引起我內心極大的騷動。更何況，此時時節為夏天，到了冬天，又是另一批作物、另一種飲食風景了吶！

我當然淚眼汪汪向阿姨們哭訴這時節吃不到朝鮮薊的傷痛（明明幾天前在

羅馬市中心才吃過），住在郊區的阿姨們一向奉行不時不食守則；事實上「不時」的作物無論在自己花園，或在市場裡也是找不到的；安慰我一般，蘿珊娜阿姨給了我她的朝鮮薊沙拉食譜：新鮮朝鮮薊處理好後，加上橄欖油、檸檬與鹽拌勻，上面再撒煎脆的鹽漬培根 (pancetta)，啊，口水都要流出來了。

「結業式」那天，我與小希全家人在露台上聊天、喝咖啡，吃瑪莉亞阿姨的特殊配方提拉米蘇——捨棄傳統食譜的馬斯卡彭起司 (mascarpone)，改用卡夫菲力奶油乳酪 (Philadelphia cream cheese)，鋪底的諾瓦拉餅乾 (biscotti di novara) 沾著的咖啡液中，還加入威士忌製造大人味（有些人加瑪莎拉酒、有人堅持不加酒）。我們吃飽喝足，決定打視訊電話給小希——多虧她的牽線，大家才在這齊聚一堂——上一次見到她是兩年前囉。電話接通，小希嬌小可愛的身影出現在螢幕中，我說：「你阿姨教我做你最愛的南瓜花脆餅。」她回：「替我好好學喔，我老後悔去倫敦前沒把這道菜學會，離家久，想死那味了。」我們在螢幕兩頭紅了眼眶。

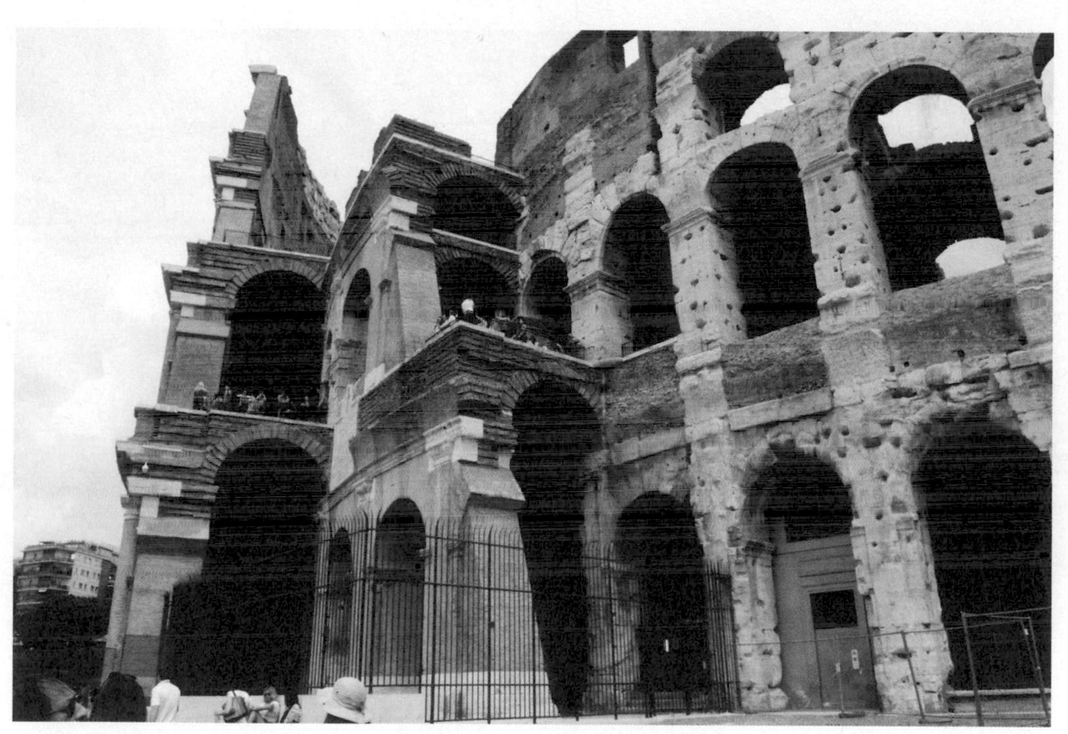

番茄鯷魚亂切麵 Maltagliati con alici, menta, pomodorini Rossana Sorichetti

亂切麵源於義大利麵搖籃艾米利亞羅馬涅區，適合放在湯中食用，我則在距離羅馬市區 40 公里的海邊小城鎮上，學到用一半全麥麵粉加一半義大利 00 極細麵粉與水做成的亂切麵，配上家常醬汁食用，特別的是醬汁中加了羅馬當地的香草 Mentuccia romana，味似薄荷，卻有更深層的木質味。

Maltagliati 麵如其名：「切得不好、切壞了」，呈不規則菱形狀，很適合用做麵剩下的邊角做，製作時也因其較自由的麵形，使得製作過程充滿趣味。

麵醬：

在油鍋裡放入 2 顆蒜碎、辣椒碎與 3 條油漬鯷魚，小火煮至鯷魚化掉後，加入切了一半的櫻桃番茄煮軟，起鍋前加入一小把新鮮薄荷。最後再參照《獻給地獄廚房的情書》中的〈想拿到義大利護照，要先學會甩鍋〉，即完成。

製麵：

用 200 公克麵粉在工作檯上堆起一座小山，在中間挖洞後打入 2 顆新鮮、尺寸較大的土雞蛋、加點鹽，用叉子輕輕將蛋打散，並一邊繞圈帶入周圍麵粉，直到麵粉與蛋混合後，開始用掌腹輕揉成團，並用保鮮膜包起後，放冰箱休息至少 30 分鐘，用製麵機壓至刻度 6，或用擀麵棒將麵團擀至約 1 釐米的厚度。將麵片切成一條條寬約 5 公分的長條，再將之切成如下頁近菱形的小麵片即可。

*(原食譜刊載於 BIOS Monthly)

Maltagliati con alici, menta, pomodorini

獵人燉兔 Coniglio alla caciatora
Rossana Sorichetti

如果只針對一道義大利菜的各種版本寫一本食譜，獵人燉雞（兔）大概是最好的選擇吧，光這一道菜，我在各餐廳與家庭裡吃過的，就至少有八種不同版本，其中蘿珊娜阿姨這道是裡面令我印象很深刻的，它不同於上一本書中寫過的托斯卡納版本，少了番茄醬汁，更直接有力。她用的是在義大利常吃的兔肉，你當然可以用雞肉代替。

鍋中放入橄欖油、整顆拍碎的大蒜、新鮮鼠尾草、迷迭香，放入兩面調味過的肉煎，上色後再放黑橄欖。並加入用迷迭香葉、拍碎大蒜、白酒醋一匙跟橄欖油、鹽做成的調味油，煮至肉熟透為止。

Coniglio al [illegible]

南瓜花脆餅 Pizza con fiori di zucca
Rossana Sorichetti

這道食譜蘿珊娜阿姨跟在媽媽身邊不知道做過多少次，再從她與姊妹們手中延續交棒給下一代，她們說，那是小希最愛的菜，每次從英國回家，都撒嬌要求媽媽、阿姨們做來吃。別被它義大利名給騙了，這不是傳統的披薩食譜，卻是在家中就能輕易操作的簡單食譜，成品香脆清爽，很適合宴客時當成開胃菜。

200 公克 00 細麵粉、鹽、一匙橄欖油稍微攪拌過，再緩緩加入水，直到麵糊呈現稍微稀釋後的炸天婦羅粉漿濃稠度即可，在圓形淺烤盤中薄薄刷上一層橄欖油，從烤盤邊緣開始向內排放南瓜花（或櫛瓜花），直到整個烤盤放滿為止，盡量不要讓花重疊，完成後再倒麵糊淺淺蓋過花（不要太厚免得不夠脆喔），烤箱調至 190 度，烤約 15 分鐘時將脆餅取出翻面，若餅皮明顯膨脹記得拿叉子叉幾個洞，烤約 30 分鐘或至餅皮酥脆即可。

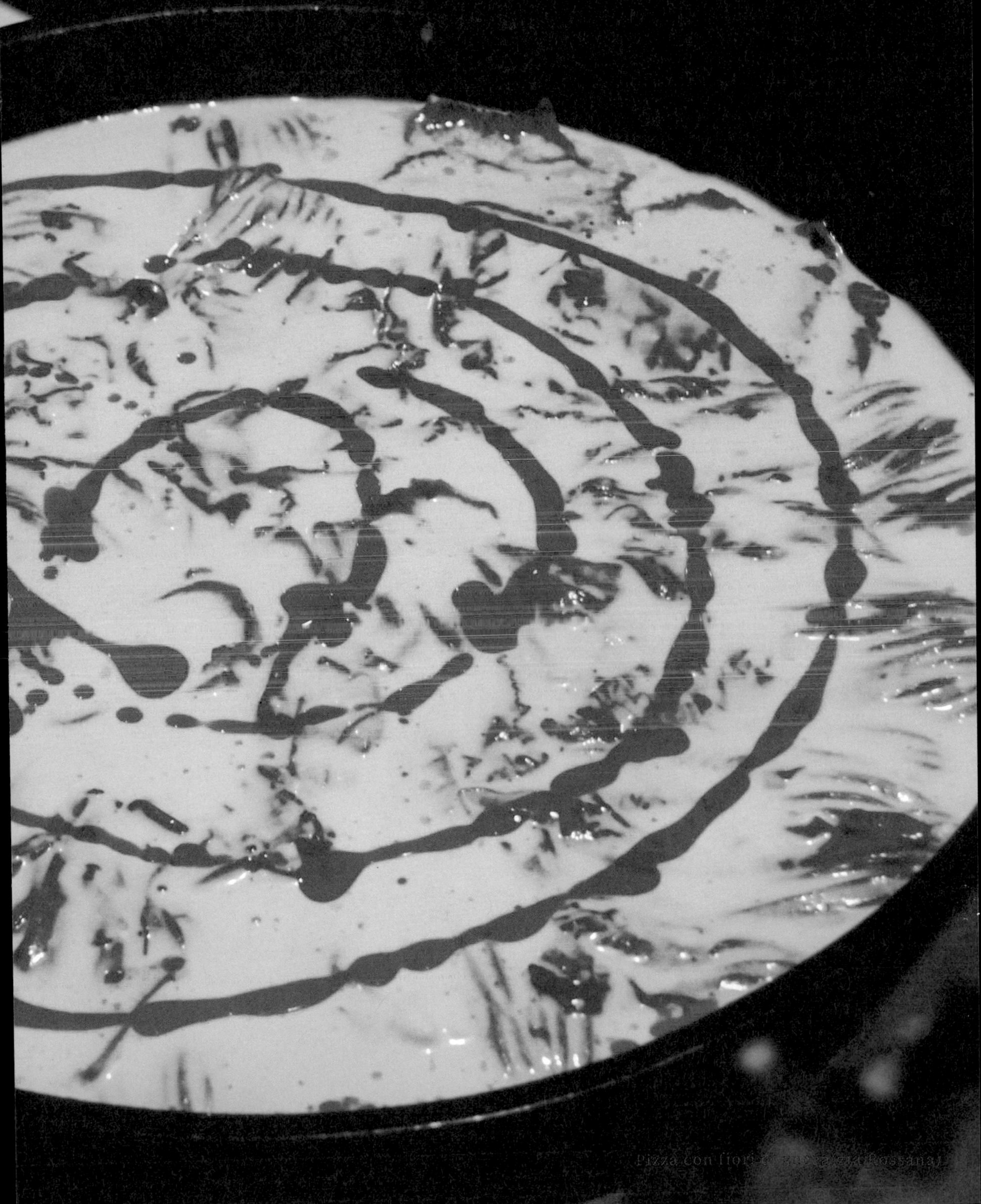

Pizza con fiori di zucca (zia Rossana)

跳進嘴裡 Saltimbocca alla Romana
Maria Cancelli

小牛肉片上撒鹽，放上2片新鮮鼠尾草——忘記在哪個名作家的食譜上讀到，他唯一不喜歡的香草是鼠尾草，因為它無用且味道可憎——這真是我看過對鼠尾草最狂妄的控訴了，它是多麼沉穩可人啊，試想，菠菜瑞可達餃 (Ravioli di ricotta e spinaci) 若只用奶油煮過，少了鼠尾草的宣揚，這道菜將不再完整。一次跟義大利同事用餐，送上桌的菠菜餃醬汁，竟是奶油與甜羅勒做成，吃來就是沒這麼對味，廚師看出我們的猶豫，語帶歉意說：今天鼠尾草用完了……

在許多不方便的時刻，食譜都能依照手中的材料與喜好修改，但這道菜不過就三個材料，新鮮鼠尾草可別省略了。再來放上義大利生火腿 (Prosciutto crudo) 片，用牙籤將小牛肉片、鼠尾草與生火腿三者固定、用橄欖油與些許奶油煎過便可上桌。

以上為瑪莉亞阿姨的做法，許多人會再加入半杯白酒，加點鹽與黑胡椒（生火腿已有鹹味，記得試味道）、汁收乾後完成。

辣番茄鹽漬豬頰肉麵 Mezzi Rigatoni all'Amatriciana
Maria Cancelli

菜如其名，它源自小城阿馬特里切 (Amatrice)，後來在羅馬躍上舞台，成為羅馬名菜，幾乎各家各戶都有自己的招牌作法。

首先將義大利鹽漬培根 (pancetta) 切成小條，不放油直接在鍋中煎至上色、酥脆後取出備用。在同一個鍋子裡，放入半顆洋蔥丁，用橄欖油與培根的油脂將之煮軟、放入適量辣椒碎，加入切半櫻桃番茄——當時是義大利番茄大出之際，不是季節時，阿姨則改放剝皮番茄罐頭 (pomodoro pelati)——此時可以鹽與黑胡椒調味，煮約 20 分鐘後，將醬汁稍微打碎；用剝皮番茄罐頭時，可在番茄下鍋前便先稍微打過，不要太碎，留點口感更好；此時可將煎好的培根一半放入一起煮，煮到醬汁你儂我儂，好啦，我知道你需要確切的數字，約 15 分鐘後，即可盛盤，撒上另一半培根與佩科里諾羊起司 (Pecorino)，那最後加上的煎培根可替此麵增加另一種口感，鹹香酥脆……到此為止，我要給自己做上一盤了，你呢？

我們在瑪莉亞阿姨家用的是條紋粗管麵 (Mezzi Rigatoni)，較原本的做法是以直麵 (spaghetti) 搭配，直到現在，這道菜更常以長吸管麵 (bucatini) 出現在餐桌上。

Mezzi Rigatoni all'Amatriciana

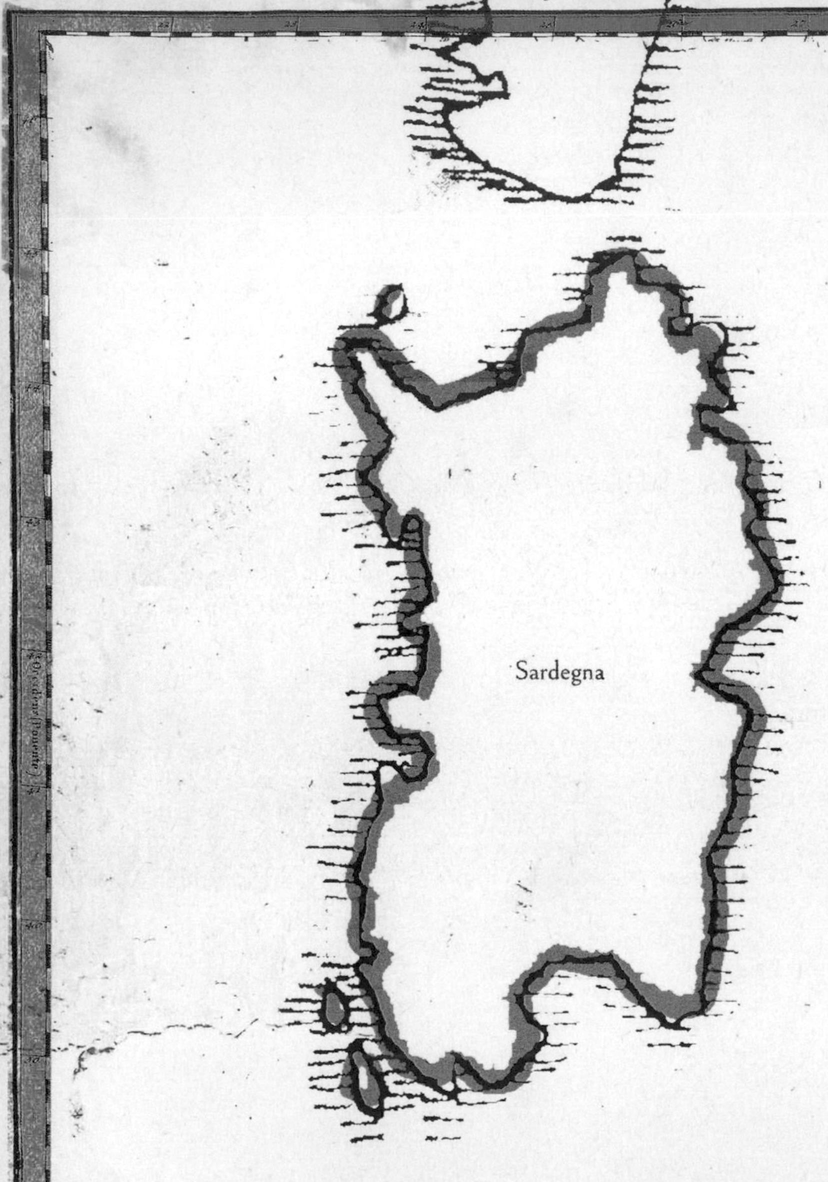

MAR TIRR

MEDITERRANE

Chapter 5
坎帕尼亞
Campania

「在我們這兒，酒跟大海一樣，永遠不缺。」

南下義大利南方的坎帕尼亞區 (Campania)，區間火車悠悠晃晃，經過高樓、經過蘇維農火山、穿過無數山洞。我成為在地圖上緩緩南移的藍色小點，對於眼前等著的是什麼毫無概念，一起在倫敦餐廳工作過的老同事馬可作風一向海派，很有拿坡里人的氣派，問他家在哪、該怎麼到達，他也模糊說不清，只說：「你來就對了，告訴我幾點到，其他都不用擔心。」

跟馬可約好在他家山腳下的火車站見面，此時我們離拿坡里市中心已有 180 公里遠。大塊頭圍著花圍巾，穿著夾腳拖鞋、頂著墨鏡，開了沒有屁股的飛雅特胖達 (Panda) 登場。行李箱太大後車廂關不起來，我們索性從後座伸手扶著，沿著砂石路上山，後車廂蓋就這麼吱嘎作響，上下晃著。

老胖達雖老卻挺硬朗，石子山路也難不倒，「不好意思你忍耐點，這農家車，坐了不舒服。」一個轉彎，他家到了，停車上石階後，嘩啦一個露台，遠瞰是山，不遠處則是湛藍的海。那種美很溫柔，足以把你硬生生折斷。他說：「今年熱得晚，水還是冷的，像跳進冰透的氣泡水，冷得你直打顫！」

我只怨他不早說有個這麼美的家，什麼羅馬佛羅倫斯都別去了嘛。

只見這傢伙開始赤著腳在家裡，這邊摘草莓、那邊採番茄，隨手從前方的黃檸檬樹上摘檸檬，將皮厚厚切下來，一吃不得了，鮮甜不已，可直接淋油做沙拉吃！然後喝在冰庫裡冰鎮過的自家製檸檬酒 (limoncello)，清香帶勁兒，跟在北邊喝的完全不一樣，「北邊的檸檬沒這麼好咩」，他們七嘴八舌地評論。

這是個冬天只有一兩千人的小鎮，到了夏天，在城市工作的人們都回來度假了，場面可不會如此悠閒。我們開著車子四處串門子，這邊住的阿姨正跟德國來的親戚手做三種不同的麵，那邊一個老鄰居拉著我看她過去做過的各種蛋糕餅乾照片，家家都別有洞天、各享不同角度的海。廣場邊的海鮮餐廳廚房裡瀰漫白酒醋香氣，廚師正在準備晚上的員工餐，用醋水泡著兔肉去腥。馬可跟對方相約，晚上十點半回來吃，又彎彎曲曲地沿著海岸開，到另一邊的海灘邊跟餐廳老朋友閒聊，老闆兼主廚在桌邊招呼。頭頂上是藍天，一眼望去是看不到盡頭的海，在這裡，客人上門時主人不給水喝，只問：「要喝酒嗎？」

以前看義大利喜劇片中，描述坎帕尼亞鄉下居民們見到外來客，非得招呼一句：「我請你喝酒（咖啡）！」以為電影裡客人喝得暈頭轉向的橋段不過是戲劇效果，來到這才恍然大悟，原來一切再寫實不過——我們被馬可帶著四處作客，走去哪裡都被殷勤招呼著喝咖啡、喝酒。你嘗試從喉嚨深處發出類似No的n音，立即被隔壁媽媽（或隔了一個山頭的鄰居阿伯）用一種休想羞辱我的眼神看，你不得不將那和著自釀酒吞下肚——如此這般，到第四家怕已暈了。老闆是馬可舊識，是我們今日的第六站，見到我們連招呼都省了，爽朗說道：「坐下，喝酒吧。在我們這兒，酒跟大海一樣，永遠不缺。」

坎帕尼亞餐桌

在我 2017 年出版的書《獻給地獄廚房的情書》裡，曾提到我辛苦備好的鴨胸被同事順手丟掉，讓餐廳招牌前菜整個週末都無法出的慘事，那個粗手粗腳的大漢，就是敞開家門、帶我在坎帕尼亞區上山下海吃遍山珍海味的馬可。開始共事時他簡直是我的噩夢；遲到早退、東跑西走，理應在你身邊同進退一起出餐，轉眼又跑去別人的工作檯雞婆插手。該認真時玩笑，該放鬆時又板著臉訓人；上一秒惹你氣，下一秒又一臉無辜撒嬌，說無力捲起自己廚師服袖子，四處找人幫忙。這一號人物自然讓大家又愛又恨，他的能力早已超過很多同階層的廚師，偏偏性喜自由，討厭權力制度，錯過不少升遷機會。

去馬可家前一天，我人在羅馬，苦苦聯絡不上他，只有一週前的承諾：「下週五火車站見，你確定火車時刻跟我說一聲便是。」羅馬同事警告：馬可最會放人鴿子，消失個三五天都找不到人。害我緊張半天。從羅馬出發時，見火車誤點一小時，我焦急傳訊給馬可，老大爺這才不疾不徐回訊，「羅馬以南的火車不誤點才叫失常，恭喜你有個順利的開始。」

馬可是不拘小節的，隨興所至、說風就是雨，他的烹飪知識驚人，常常像孩子蹦來跳去，瞬間又認真講解每一個技巧細節。我早忘了他這種精力過剩的樣子，直到第一天晚上吃飽喝足後，我們在他家景色遼闊的露台上喝酒到半夜，我回房去睡，留他跟老義繼續歡鬧。馬可家露台在兩棟公寓中間，他把自己那棟讓給我們，搬去另一棟跟半年回坎帕尼亞一次的爸爸同住（爸爸在這半年間，從大都會米蘭回來，度假、採收橄欖，準備接下來整年度全家要用的橄欖油）。

睡得恍惚之際，隱約聽到馬克在房門口吼，「Yen 你出來，快跟我們一起吃好料……」我睡意正濃，聽他在房外廚房鬧，冰箱門開了又關，勉強吼回，「吵死了，讓我睡。」翻身昏睡過去。隔天才聽老義轉述，馬可凌晨三點喝到興頭上，提議把我吵醒，一起吃他父親前一天帶回來的生鯷魚。凌晨三點欸！生鯷魚！老義一臉不可置信，後來我才查明：當晚馬可發瘋似地把整屋人吵醒，吃的不是生鯷魚，是用洋蔥、新鮮黃檸檬汁跟白酒等材料醃製的醃鯷魚 (acciughe fresche marinate)，既然不是全生，可能也沒這麼罪不可赦吧？

寄居馬可家的這段時間，我被他用飛雅特胖達、摩托車、載貨拖車種種交通工具載著四處串門子，逢人便兜售介紹他亞洲來的廚師朋友，擅自幫我接下好幾個工作實習約。其餘時間就是一起下廚，用小牛肉做肉醬、做奇

倫托螺旋麵 (Fusilli alla Cilentana)。一天，大海終於聽到我的呼喚——午餐前馬可騎車買酒路上（一如往常，每三兩步便停下來招呼聊天），遇到廚師朋友正清理早上剛送來的淡菜、白蛤蜊與肥美的蝦，順手抓了兩袋送他。我們於是滿心歡喜挨著身到廚房洗菜做飯，馬克爸一早還上市場買了鮮美櫛瓜花，再好不過。午餐豐豐盛盛吃了櫛瓜花與蝦小管麵、用蒜油烤過的麵包片，配坎帕尼亞區經典前菜胡椒淡菜跟大蒜辣椒蛤蜊；橄欖油是自家橄欖樹採收、手工壓製，巴西里與青綠的辣椒，則是起鍋前去菜園採的，馬可光著腳興奮在菜園上踩，什麼好吃就吆喝大夥兒嘗，邊嘆，要不是為了工作，誰想離開這？

今天海似乎更藍了，雲一圈圈在天上捲著，男人們一時興起，合力把餐桌搬到門外露台，麵才煮好就連鍋上桌，就著海景吃。

看我成天抱著筆記本四處吃喝、渴學成痴，馬可與女友羅莎莉亞積極帶我上山下海。這也非難事，那個小鎮本來就得天獨厚依山傍海，只是我永遠無法事先知道計畫內容，跟馬可一起的日子永遠新鮮，只管上車行了，別管目的地在哪。

「今天去哪？」
『山腰上一間餐廳。』
「多遠路？叫什麼名字？」
『三十分鐘路。去了就知道。』

我們在快速道路上開了三十分鐘，再在蜿蜒小路上行進三十分鐘。

「還有多久？」
『三十分鐘。』

最後在山路上崎嶇了一小時才到（羅馬以南的車不誤點一小時才叫失常），這豈是山腰上隨便一間餐廳呢？它是佔據了整座山頭的有機農莊餐廳。在大片山上放養豬、雞、牛、羊；農作物從櫛瓜、茄子、番茄，到橄欖、葡萄，一應俱全；現在餐桌上的，舉凡葡萄酒、麵包（麵粉）、蔬菜、起士、沙拉米、橄欖油，全都自家生產，自給自足。菜單也直接不囉嗦，起士蔬菜沙拉米拼盤、櫛瓜花瑞可達起士麵餃、肉醬 Fusilli 麵；主菜也俐落，寫著豬、雞、肉腸或拼盤；配菜呢？自然是自家蔬菜，種什麼吃什麼唄，下面註記一行字：Le carni e verdure sono di nostra produzione con metodo d'agricoltura biologico(蔬菜與肉皆為自家有機生產)，多自信多大方啊。

一起用餐的還有馬可爸爸與鄰居一位八十歲的紳士先生，只有自己人的輕鬆晚餐。老紳士仍精心打扮過，頭戴紳士帽，搭配同色系西裝外套與淡藍色條紋襯衫，打過招呼後輕輕執起我手，玩笑說，「小姐你好，我要是再年輕十歲，一定約你出門吃飯。」

這場晚宴於九點半由兩壺餐廳釀製白酒開場，醋漬炸櫛瓜、自製起士（當地特產 cacioricotta 與馬背起士 caciocavallo）、炸番茄陸續上桌，馬鈴薯與莙薘菜、菠菜與青豆和在一起煮得軟嫩軟嫩，好吃極了。當然少不了沙拉米跟鹽漬培根、大籃上桌的麵包……如此一來整張桌子擠滿酒水好菜。本來嘛，義大利用餐，沙拉菜類都是搭配主菜吃的配菜，而非當前菜單獨食用，今晚大家興致一來卻決定跳過肉類，把所有農場好菜一起當開胃菜吃了。那之後胃口大開便一發不可收拾，酒一壺壺上，第一道主菜也來，一人一顆方方正正的麵餃，差不多跟盤子內圍齊大，櫛瓜花瓣雅緻端坐其上，大家閨秀那樣。鹽漬豬頸肉 Anelli 麵則用橢圓大盤盛著，各自傳遞著取食，吃到此已沒人有胃口再吃鹹食，餐廳自產檸檬酒 Limoncello、渣釀白蘭地 Grappa 跟著甜點 Babà 於是輪番上陣……

六人桌在酒酣耳熱中變成十三人長桌，一旁聊天的老闆跟常客都來了，餐廳主廳內傳來午夜十二點響鐘，貓大著肚子在旁亂竄，所有人都專心致志於對話、喝酒，甚至只是靜坐在戶外桌旁享受夜的涼爽仁慈。沒人想離開餐桌，我有種今後就此扎根的衝動：日夜對話、喝酒、戲貓，看著白天採收的菜上桌……。

農莊餐廳學菜記

那些罪孽深重的電視節目與書籍，嚷嚷宣揚歡鬧吃喝的夜晚，卻對翌日早晨嚴重宿醉與假裝若無其事度過日常生活的痛苦隻字不提，馬可有經驗，早早便囑咐爸爸隔天一早開車送我上山去農莊餐廳學菜，自己窩在家當行屍走肉。

清早天空慘灰，廚房加緊採收蔬菜，一籃籃整齊排列，櫛瓜（頂上的花開得正盛）、茄子、薄荷、大蒜、迷迭香、番茄……五顏六色在不鏽鋼廚房中綻放繽紛。廚房裡清一色全是女人，除了年紀跟我相仿的瓦倫媞娜，其他都是老手媽媽，於是備料工作也走家庭路數，跟一路上見識到的所有家庭烹飪一樣，片茄子、切蒜碎、番茄丁，全都不假砧板之力，一手拿有夠鈍的廚房鋸齒小刀、另一手輔助抓著蔬菜懸空完成，少了砧板廚刀我無所適從，一旁瓦倫媞娜則飛快將整籃茄子切成一公分厚茄片，等著晚點油炸做烤千層茄。將前日吃過的菜色一一拆解學習甚是有趣，在農莊餐廳吃到的，乍看皆為怡情小菜，卻是最直接衝擊的風土美味，farm to table 究竟為何，無須贅言，嚐一口同塊土地養出的橄欖油淋上剛收成的番茄，一切就通達了。當然若少點宿醉頭痛更好，這是在義大利巡迴學菜老天給你的考驗，必先苦其心志，勞其筋骨，好在體膚不餓，也算萬幸。

這段時間我們還造訪了鄰近媽媽家，馬可赤腳帶我們走過幾戶人家，隔著門「安娜瑪麗亞、安娜瑪麗亞」大喊，再堂而皇之開門晃入。她家跟馬可家一樣，一進門就是廣闊露台，海景更是一望無際，托爾斯泰若來訪此地，也許《安娜卡列尼娜》就得改寫——幸福人家坐擁的海景可是各有千秋吶。海像珠寶閃閃發光，我因此分心，差點無心學菜。此時她正做著 fusilli 麵，00 細麵粉與水做成的麵團，切小塊下來用掌心搓揉成小細條後，再用細鐵棍前後來回一滾，便形成洞口可吸附醬汁的蜷曲麵條，長約 12 公分。媽媽動作快速精準，一秒一條，我們三個專業廚師齊力也趕不上她一半速度。折騰半天後再來做牛肉燉的醬，那是當地人星期天愛吃的菜色，整塊小牛腱四面煎上色後，與洋蔥、番茄醬汁下鍋慢煮兩小時，上桌前再加點 cacioricotta 起士，平常不過的週間午後，我們卻有幸享用安娜瑪麗亞媽媽家的週日午餐，那之後她興奮的拉著我們看家庭照片、講述一家兒孫故事，我卻早早藉由那盤麵，跟一上午的麵食課，在他們一家生活中心裡神遊一圈了。

其實每天四處被餵食也很累人，馬可秉持「你既是來吃的，我就讓你吃個夠」之精神，晚上繼續拖著我吃。不記得這輩子什麼時候吃過比這還多的披薩，馬可呼朋引伴，二十人浩浩蕩蕩一起到當地有名的披薩店吃飯，坐滿整張長桌，八吋披薩一人點一個交換吃，再把餐廳所有配菜約二十餘種都叫一輪，一個瑪格麗特披薩二點五歐，連一百塊台幣都不到！旅行之中所吃食物我盡可能拍照（不求美觀，記錄而已，之後寫起文章才沒有記憶斷層），這場晚餐的照片卻七零八落，披薩吃到第八種、開胃菜第七道時，我已昏頭轉向，酒上個不停……左邊的夫妻向我詢問工作內容、長桌盡頭一個十一歲小女孩（偶像是 Lady Gaga）跑來要合照：「我們 selfie 一下如何？我從來沒看過日本人。」

如此兵荒馬亂吃完一餐，好吃當然不在話下，究竟吃了什麼，早記不得了，人當真是附了胃的殼，有時候狼吞虎嚥吃的不過是種情境罷了。

我、馬可跟老義三人在討論食物時，分歧之處在於老義對於我熱衷的豬頭皮、下水、豬血、肉凍，帶有懼怕之情（那完全超出他的飲食舒適圈），而馬可不一樣，他跟我一樣對肉品的任何一吋都興趣昂然。這也不難理解，坎帕尼亞大區的傳統飲食中，不乏各種跟台灣飲食相近的菜色：水煮豬牛各部位的街邊小吃 o' per' e 'o muss、豬血製成的甜點 Sanguinaccio，與番茄一起燉煮的牛肚，喔喔當然別忘了 Timballo——用米或麵跟其他材料作成的烤「派」，裡面加入雞肝、雞冠等部位。撇開喜好差異，我們仨對食物仍有共通愛好，同為廚師，聚首時並不刻意切磋較勁廚藝，你樂於操刀我就燒水煮麵，三人再一同彎身清理滿水槽的海鮮，自然享受食物跟友伴圍繞的樂趣。那是我們在工作外難得一起烹飪的時刻，從工作中暫時歇身，我在馬可家鄉找尋新的食物衝撞，他則是久久一次從瑞士回鄉，在龐大的餐飲業巨輪縫隙間喘氣。這不是討論餐飲業危機，或精緻餐飲發展，甚或米其林評鑑如何改變整個餐飲生態、影響一路席捲至我們這些廚子的時刻，這時候你只想像個全心奉獻的戰士，兩手抓著鄰人廚師送的蝦，專心讓口臉鼻手都充斥在稍微烤焦的蝦殼蝦膏蝦肉中，心無旁鶩，世界只有你、那隻蝦，跟一旁的海。

讀到此你也許以為我在坎帕尼亞的日子都是如此散漫、毫無建樹，倒也不是，做菜吃喝空檔，我們常跑去馬可女友羅莎莉亞工作的海邊小店聊天。羅莎莉亞正準備完成哲學學位，個性開朗好相處，面對馬可怪招百出竟也毫無怨言，我們第一眼就喜歡她，奇怪這麼好的女生怎麼看上馬可？學業之餘她在這小店吧台做飲料、供基本餐食，那在木板露台上的店裡沒什麼裝潢，只有整片的沙灘與海讓你揮霍。馬可爸爸有時也會加入我們，吧檯放著流行樂，馬可不時就在露台上光腳跳舞，我們一邊喝 spritz 或整瓶氣泡酒，一邊虛無聊著義大利的未來跟經濟，彷彿憤慨談論間，義大利政治跟經濟都能迎來一片光明，馬可可以不用離鄉工作，我們也能一年四季都在這喝酒跳舞。

再好的酒都有見底之時，何況我們如此貪婪享用不知節制。假期終將要結束，我們繼續往南走，馬可則一路向北、回瑞士工作。我們在拿坡里市區那家有名甜點店喝咖啡、吃千層酥 sfogliatella，一起混了好段時間，大家宿醉中還帶著不捨，上回一別就三年，下次見面又是何時呢？擁抱道別時馬可重重拍了我兩下，啊這傢伙也是有鐵漢柔情的時候嘛。

「鹽水」Acquasale cilentana
Agriturismo I Moresani

「鹽水」，有個很有趣的由來，過去漁夫們外出捕魚時，帶了經過兩次烘烤以便保存的硬麵包上工。吃飯時間，便把麵包噗通一下，稍微在海水中浸軟，將水擠乾後，再將櫻桃番茄用手撕開，和著橄欖油、鹽與乾奧立岡一起吃了，既美味又有飽足感。我在坎帕尼亞區的有機農莊第一次吃到這道菜，那直撲而來的新鮮滋味至今難忘，但重點當然是淋了該區自家製的上好橄欖油（指的不是價錢），我不禁懷疑，這樣一道構成簡單的菜，靠的是當地風味豐盛的番茄、得天獨厚的橄欖，將之搬到另一個風土環境，出來的成品仍會相同嗎？由於食材很少，確保你能找到最好品質的番茄與油。

另，在經典作法中，麵包使用的是經過兩次烘烤的硬麵包 Pane biscottato，可以自行烘烤過的硬麵包代替。

將硬麵包稍微烤過，用烤箱或煎烤盤在火爐上烘烤都行，再稍微用水淋溼後將水擠乾並撕成小塊。取一沙拉盆，用手將櫻桃番茄連皮擠開，連汁液一同放入盆中。據說用手比用刀切更能讓番茄釋放甜味。浸溼過的麵包塊加入沙拉盆中，用奧立岡葉、鹽與切碎的大蒜與橄欖油調味，用手將新鮮羅勒葉撕碎，攪拌均勻後便完成。

醋漬炸櫛瓜 Zucchine alla scapece
Agriturismo I Moresani

這是坎帕尼亞區的傳統菜色，在農莊那片廣闊的山坡上，廚房媽媽教我將櫛瓜切成 3 釐米左右的小圓片鋪平在太陽下曬，下油鍋炸至微軟、上色，如果你跟我一樣蝸居在都市叢林裡，可將櫛瓜放過篩網上灑鹽、靜置至少 30 分鐘使之釋出水分（像處理茄子那樣）、沖水後徹底擦乾再炸。

將炸好的櫛瓜與橄欖油、鹽、黑胡椒、切碎的蒜、白酒醋與撕碎的新鮮薄荷葉混合均勻，放至微溫或最好涼著上菜，切記不要省略新鮮薄荷，它替油炸洗禮後甜美溫順的櫛瓜帶來芬芳活力，好吃極了。

Zucchine alla scapece

羊奶起士烤千層茄 Melanzana con formaggio di capra
Agriturismo I Moresani

這跟我在《獻給地獄廚房的情書》裡寫過的「思鄉菜烤帕瑪森炸茄子」Melanzane alla parmigiana 作法差不多，幾個程序不同，還是收錄起來比較。

圓茄縱切成片，沾麵粉、蛋液下鍋油炸，讓茄子在烤箱歷練後還能完整。在烤盤中開始依序堆疊：一層番茄醬，若沒有事先大批製好的家常番茄醬汁，可用超市購買的番茄沙司 (Passata di pomodoro) 代替、茄子、切成小塊的莫札瑞拉 (mozzarella) 起士、撕成小片的甜羅勒（義大利專業家庭煮婦煮夫會告訴你，用撕非切香氣才能釋放）、刨過的當地產羊奶起士 (Formaggio caprino del Cilento)……重複幾次後，以茄子、起士粉和少許番茄醬汁結尾，放入 180 度烤箱烤至醬汁收乾、茄子與現刨起士粉融合並烤至上色後完成，記得用力抵抗你虎視眈眈的口水，剛出爐時可會燙掉你舌頭的！

Melanzana con formaggio di capra

番茄醬燉炸茄子捲 Melanzane' imbottiti
Agriturismo I Moresani

圓茄間隔去皮、橫切半後，以蝴蝶刀法將茄子切成一本本小書，填入用刨碎的馬背起士 (Caciocavallo)、蛋、平葉巴西里、蒜碎做成的糊狀填料，不裹任何東西直接油炸，填料既是稍黏稠的糊狀物，自然能穩妥黏著小書，大膽油炸吧，不用擔心它會散掉。

此時將洋蔥絲入橄欖油鍋小火煸香後，加小番茄、番茄醬汁跟少許撕碎的甜羅勒葉、一點水煮滾，再把小茄書放入，煮到醬汁收乾，盛盤後再放點甜羅勒葉。

Melanzane 'imbo

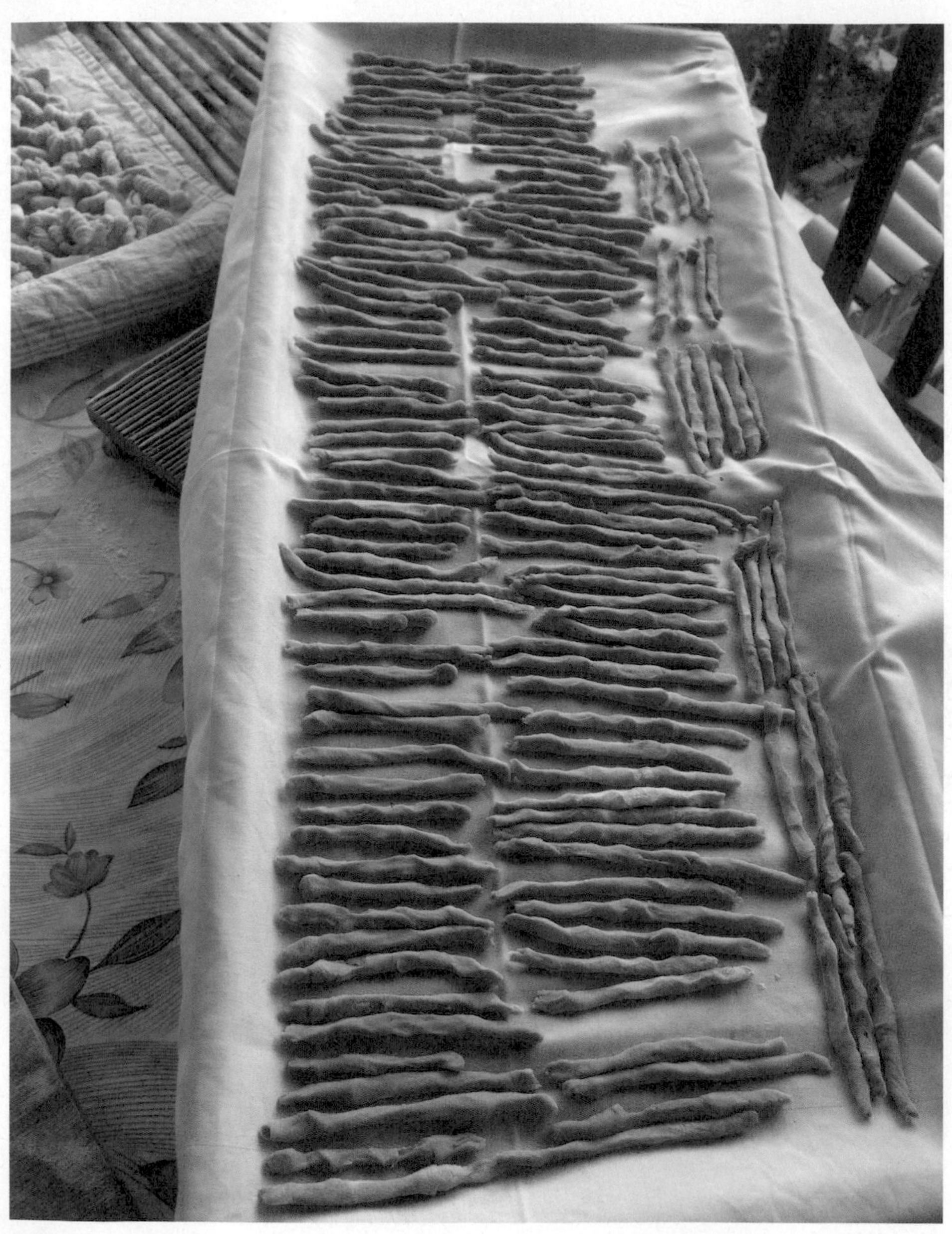

Chapter 6
普利亞
Puglia

edi d' Homann. L Anno MDCCXLII.
MAR ADRIATICO
olise
mpania
Puglia
Basilicata
Calabria
MAR
IONIO

76

在舊城區做貓耳朵麵

媽媽奶奶們坐在家門前，百無聊賴那樣，面前擺著一簍簍做好的貓耳朵麵，觀光客來了，拍照，走了。義大利普利亞大區 Bari 的舊城區充斥著各地來的觀光客，美國人日本人中國人英國人，當地人仍像遊樂園的貓般鎮定自如，身著汗衫的中年男子在當地酒館的戶外塑膠紅椅上喝酒喧嘩，八歲大的孩子們穿著打勾勾球鞋在廣場踢球，互相咒罵的早熟語氣竟讓我有點畏縮。「這些是生長在街頭的孩子，他們天不怕地不怕。」老義說。我們幾乎有點欣羨說著英文的觀光客，他們這麼新這麼無畏，在巷弄裡聽著當地人們對話，一度使我們有點退縮。

義大利連續下了好幾天雨，透早又下起大雨，巷子裡的做麵人家連桌子都不擺，乾脆休息吧那樣無可奈何地從屋內往外看。我一連造訪了三次，跟特別有眼緣的奶奶約好，要來看她做麵，天公不作美，我依約出現門口，差點沒吟誦下雨天留客天天留我不留，高頭馬大的媽媽心一橫桌一擺，呼喚我入家門，「哎呀，本來想偷懶的，今天就為了你做麵吧！」

兒子丈夫在旁切菜做雜活，阿嬤與媽媽兩個女人顯然是家中重心，大嗓門媽媽一邊呼喊我坐下，一邊扯嗓罵兒子。用義大利文時是向我抱怨兒子他媽的真無用，大部分時間則用方言訴著不可外揚的家醜。火上水開了，一對一貓耳朵 (orecchiette、strascinate) 私家課開課：第一課，溫水與杜蘭小麥粉 (grano duro) 和成團，不加鹽，以防麵體裂開。

過去在學校與餐廳裡不是沒做過貓耳朵麵，隨著意外得來的課程展開，我不得不想，這次的老師，恐怕是真正的大師。

翌日，一對一貓耳朵課正要開始，細雨從敞開的門中灑入，老義喀嚓兩聲意思意思照張相，就不見蹤影，留我獨自跟一大家子處著。日本觀光團經過，穿著漂亮花裙的日本太太們喀嚓兩聲意思意思照張相，鞠躬示意後，也不見蹤影。大嗓門媽媽三兩下把麵團揉好，奶奶在一旁分切麵團，將小團在木板上搓滾成一條條的長條狀，媽媽開始施展魔法，在 0.5 秒瞬間，拿著廉價塑膠柄餐刀，將麵切成小塊，刀打橫朝身體一滑，雙手食指若有似無在小麵團旁晃過，我眨眼的瞬間，十來顆貓耳朵麵在眼前堆成小山丘，「喔我的天，這什麼速度啊！」不管看過幾次，總會被這速度這架式嚇傻。媽媽仰頭大笑：「秘訣就是時間跟經驗。」語畢又起身罵兒子去。

留下我跟奶奶兩人，「這麵我一做就是六十年。」秀出她僵硬的手指，奶奶如今已不再能自如製作貓耳朵，幾乎只露臉，做麵的工作全然交給女兒。

三次見面家裡家外奶奶都坐在那張桌前，桌上滿是麵團乾燥殘留、刀鋒劃過的痕跡，像樹輪洩漏她生平秘密。廚師病使然，好幾次我都得壓下內心想把麵粉垢刮掉清洗一番的衝動。但她卻說：貓耳朵第二課，木板桌面絕對要坑坑窪窪不平整，製麵時刀鋒受阻才能做麵，她拿起刀來，在木板上再添幾刀，慫恿我回家依樣畫葫蘆。媽媽此時罵完兒子，操起刀來繼續用非人姿態做麵，看著我相對之下幾乎是樹懶級的做麵速度，媽媽揚起一邊眉毛，「你應該知道我沒什麼可以教你的吧？唯一的訣竅，就是時間。」

「跟人生一樣。」奶奶默默補上一句。

貓耳朵麵 Orecchiette（方言：Strascinati）
Nunzia Caputo

你若不信邪，偏要開口問義大利媽媽們麵團比例，得到的答案不偏不倚只會是：經驗與觸感，不然呢？我經過各種試驗與徵詢眾人意見後，得到的比例為 2:1，即 400 公克杜蘭小麥粉配上 200 毫升溫水，媽媽做了幾十年的貓耳朵麵，說鹽萬萬不可加；當然如同大部分義大利菜，有人說一對，肯定有人大力反對說二才對，一場聚會裡聽到同為普利亞人的太太分享貓耳朵麵食譜：杜蘭小麥粉、溫水與鹽，馬上有媽媽搖頭說不，鹽不能加，太太回：要加、千萬要加，一點點好調味啊。（同樣的對話也可能出現在馬鈴薯疙瘩 gnocchi 上）人生好難，要讓義大利人在料理上一致同意更難，在此謹遵師傅教誨，不加鹽，防麵體裂開。

在工作桌上堆座麵粉山，跟做新鮮雞蛋麵一樣，中間挖個洞，將水倒入後緩緩用手指或叉子在「水池」邊緣輕輕攪拌，將麵粉緩慢帶入水中結合，記得周圍麵粉山要夠高夠扎實，免得還沒開始揉麵就先山洪暴發弄得滿桌水。水跟麵粉完全結合後揉成團，此麵團不需醒麵，可直接分切後，在檯面上搓滾成一條直徑 2.5 公分長條，接下來便是一秒永恆的魔力所在：將刀子打橫、將麵切成約 3 公分小段的瞬間，一邊順勢讓刀子朝自己方向滑，雙手食指劃半圓替麵塑形，滑行時以刀與工作檯的摩擦力讓小麵球成為上凸下凹的小碗狀，初試時做出龜裂非球體很正常，捷徑不是沒有：用大拇指在小段麵團上一滑，就能做出相似品了，若你跟我一樣固執不願屈服，那就乖乖土法煉鋼吧，終有一天能滴水穿石、一刀滑出貓耳朵。

剛完成的貓耳朵麵仍溼溼軟軟，記得撒上麵粉後，放在漏網上放室內自然風乾（時間視溼度而定，在義大利我曾三小時內便可「收成」，回台灣則晾過一天一夜），晾乾後的貓耳朵麵可於冰箱冷藏一週，冷凍則可維持一個月。

燉肉捲貓耳朵麵 Orecchiette con braciolette
Nunzia Caputo

貓耳朵麵最著名的吃法，大概是配上長得像青花、芥藍菜的 cime di rapa 了，但在 Bari 週日，當地人的最愛，實為肉捲燉肉醬貓耳朵麵。此菜傳統做法是用馬肉，如今則往往用牛肉或小牛肉。Braciolette、Braciole 雖然本指整塊煎烤過再切片上菜的菜色，在南義西西里、坎帕尼亞與普利亞等區（甚至成為盛傳於美、澳的義裔名菜）幾乎已是小肉捲代稱，肉片最好選擇較瘦的部位，整塊切成厚片後，再自行拍打成肉片，鹽、黑胡椒兩面調味，放上小塊佩科里諾羊奶起士 (pecorino)、鹽漬豬背脂 (lardo)、撒點平葉巴西里，捲起、用牙籤或綁肉繩固定這些美味小宇宙。洋蔥切碎後小火慢煮至軟——這是義大利菜色中必須一再被強調的事，每一種醬汁、燉飯底，都起於在橄欖油中被馴服後軟甜可人的洋蔥——放入肉捲煎至上色後，大火、倒入半杯白酒，待你湊鼻聞不到一絲酒氣，即可加入或去皮番茄 (Pomodori pelati)、或原味番茄泥 (passata di pomodoro)，甚或自製番茄醬汁，鹽、黑胡椒調味、小火燉煮至少 2 小時，

套一句 Bari 老城區貓耳朵麵大師對我下的結語：Buon Orecchiette!

啖貓耳朵麵愉快！

Orecchiette con briciolette

intralot
ASSOCIAZIONE
CULTURALE

Salumeria

Chapter 7

卡拉布里亞

Calabria

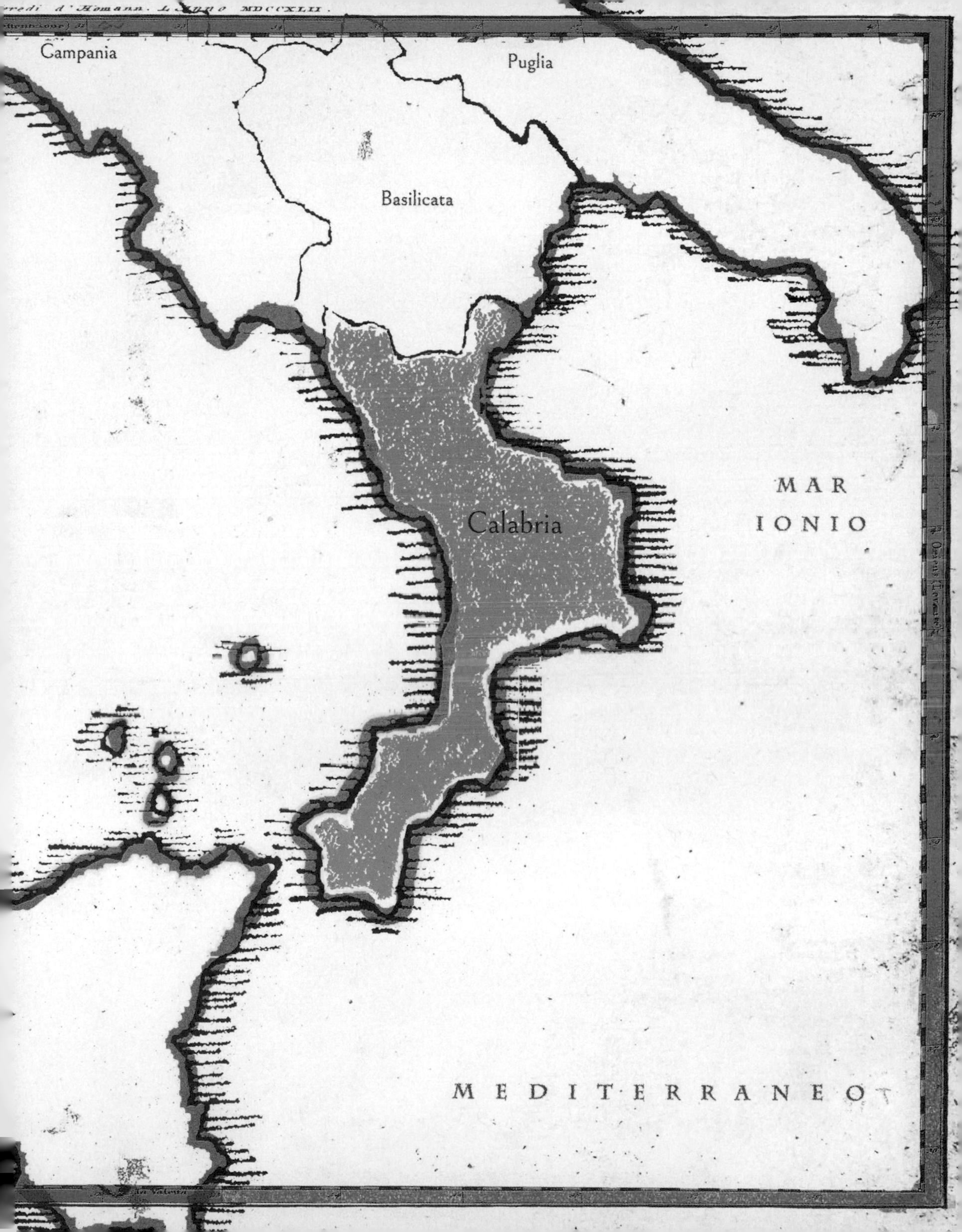

Campania
Puglia
Basilicata
Calabria
MAR
IONIO
MEDITERRANEO

我非如此義大利人

「對一個從小坐車就吐的人來說，長大後愛上飄浮實在有點諷刺，在飛機上太過敏感以至每次機身顫抖都是折磨，睡都睡不著，喝也喝不醉，注定張開眼面對恐懼。那當下以爲沒有景色食物能使折騰值得，被海喚醒的翌日清晨，再度被提醒，海跟睡眠果然能撫平身心皺摺，然後又能甘之如飴四處來去。」

即使足跡踏遍義大利南北各大區，初至某地總不免忐忑，當我的旅伴老義是對其國家南方治安有所警惕的北義人時，更對情況毫無幫助。我們舟車輾轉來到義大利靴尖卡拉布里亞雷焦（Reggio Calabria，後簡稱卡拉布里亞），在火車站買票準備再轉兩趟車到特羅佩亞 (Tropea) 海邊，在那之前我們已經連續二十五小時不停趕路，期間只坐下來吃了一頓便飯，五月中，義大利異常溼冷，雙腳因在雨中奔波溼透。此時兩個美國人天真無邪地手握五百歐大鈔在火車站走來晃去，嘴裡唸著不知哪學來的半調子義文單字，四處找人換錢，看得替他們捏把冷汗。美國人終於找上我們，原來他們想搭計程車去更南方看看，無奈沒人願意收大鈔，更別提找人換錢了，附近雜貨小吃店更是避之不及。二十五歲左右的美國男生在我面前停下，把口袋裡另一張五百元大鈔也拿出來揮舞：美國銀行就給我這些大鈔，我能怎麼辦？只好幫忙詢問站務員，義大利中年男子一臉為難，念念有詞：「我又不開銀行……」，邊從錢櫃裡找錢換。

到租車店時我已累得靈魂出竅，事先預約的租車行卻因故無法租車給我們，隔壁車行的小哥很好心：「我哥在附近有租車店，應該還有閒車可租，我請他來一趟吧？」哥哥二十分鐘後開車前來，坐在駕駛座跟我們索取身分資料、信用卡，就地辦起租車手續，我疲憊不堪，站在車外透過路燈，昏暗看著副駕駛座的老義跟駕駛座的租車大哥，兩人交頭接耳看來跟毒品交易無異，可疑透了。

緊張嗎？當然，這景況在世界上任何地方都該讓旅人警鈴大響。但義大利可愛特異的行事守則不能用常理判斷，行李都上車了、卡也在對方手上，緊張也來不及，照理說租車公司會在卡上預扣押金，確認車子狀態再歸還，結果這個操著方言、不知哪蹦出來的大哥，竟讓我們只繳租金。還車當日一大早我們就得趕火車北上，車子檢查都免：「你們就把車停我店門口，鑰匙丟信箱就行了，好吧，晚了，快上路，好好享受卡拉布里亞！」

我照做了，整整三天的時間，幾乎什麼都不做，淨盯著特羅佩亞 (Tropea) 的海瞧，那著實是無從形容的經驗：原來藍有這麼多種，藍、靛藍、碧藍、深藍，七彩的藍，每時每刻都在變化，數也數不盡；那水呢，乾淨純粹得不可思議，我在那面前一時失去言語，與過往的經驗觸接困難。看過《楚門的世界》嗎？金凱瑞在片尾乘風破浪衝破盡頭屏障後，才發現海是假的、他一生都是假的，特羅佩亞的海竟讓我狐疑起來：誰在這傾倒一山透明清澈的泉水？

特羅佩亞並非只有海出色，受到歐盟I.G.P（地理標示保護制度）認證的特羅佩亞洋蔥 (Cipolla di Tropea) 是絕對需要被提及的，當地人自然對其洋蔥驕傲不已，配番茄生吃、煮軟了做麵醬、切絲放在生鮪魚塔塔上、老一輩的甚至直接拿來生啃。嘗過後便明白，這洋蔥之清甜，生吃後竟不留辛臭於口，煮軟後更似加了蜜。跟當地一個家庭一起烹飪、用餐，滿桌不乏各種好菜（如當地名產辣肉腸 Nduja 做的前菜與麵食），最讓大家眷戀的竟還是這看似毫不起眼的特羅佩亞洋蔥醬扭指麵 (cavatelli)，洋蔥煮至軟綿，釋出的芳香甜味讓人想一嘗再嘗。

在卡拉布里亞，你可以找到一束束綁起來賣的特羅佩亞洋蔥，也有種子讓你帶回家種，不過少了特羅佩亞的陽光、海、土壤、水……各種各樣風土關鍵，種出來就不再是特羅佩亞洋蔥——願意的話你能帶本食譜、兩個罐頭，甚至一個名牌包回家，風土滋味就留在當地吧。我跟這洋蔥在老城區一間漂亮的公寓裡初交手。這幾天陰晴不定，我們只好在雷雨交加中躲起來跟媽媽一起做麵，但這旅程中哪次不是在廚房裡做麵呢：麵粉和水，看它慢慢成形，切小塊後搓成圓條狀，切短，再用兩隻指頭在麵上一滑，扭指麵便完成；一樣的長圓條，切成小拇指左右長度，拿粗木籤固定一角，再自信往前推捲，就是卡拉布里亞知名的 Fileja 麵了。媽媽曾在市區開餐廳，用最新鮮的魚，菜單上每道菜色都是當日手做，現在觀光化了，她感嘆市區再難找到像樣的餐廳。確實，觀光區餐廳菜單扁平化，大家都賣一樣的菜色，想吃好料得往郊區去，不然呢？就自己做吧。

有件事你必須理解：走進家庭主婦、主夫的廚房，等於踏入其聖地，管你是國際名廚還是國家總理，在此你是謙卑的學徒，這是不容侵犯的國際廚房禮儀。我總是只帶筆跟筆記本——種類齊全的刀具包侵略性太強，是絕對禁止的———你得使用家庭用的鋸齒餐刀切菜以示尊重（即使那表示暫時遺忘與平時熟悉的刀與砧板的合作無間），你努力捏著一顆顆蒜，學一旁的媽媽雙手騰空，俐落將之切碎，茄子、番茄、生菜也毫無例外。揉麵時則是另一種光景。我多喜歡麵團啊，一搓一揉，使內力般將之送出再輕返——那只是麵粉與水的組合啊，竟讓我興奮得忘了本、被媽媽發現：你原來是老手。一旁的貝蒂娜二十多年前嫁來卡拉布里亞，待著就不想走了，見我纏著媽媽東問西問，一臉傻誠，便把我介紹給 Rombolà 家。那才是農家菜大本營。

Rombolà 一家是傳統的釀酒家庭，爸爸務農，媽媽與女兒們掌廚，接待前來酒莊參觀的客人，兒子則負責賣酒，一家人合作無間。初次見面，一大家子人便自然而然，「嘿你來了啊？進來吧。」跟我談天談地，從東京聊到義大利，好像多年老友那般，我就這麼融入家庭工作中，接下媽媽遞給我的麵糊，開始跟她一起炸櫛瓜花薄餅——沒什麼秘訣，勤翻至脆、粉漿調稀就是，緹娜媽媽見我興趣濃厚，就放手讓我做，什麼都拿出來給我嘗鮮。煎炸完的餅酥脆燙手，我們同時伸手撿那邊角碎屑吃，接著有炸馬鈴薯丸、茄子丸，都是卡拉布里亞大區的家常菜，觀光區餐廳裡可吃不到。酒莊腹地廣大，葡萄外也種橄欖、朝鮮薊、櫛瓜、各種香草、蔬菜水果，各類香腸如當地名產辣肉腸 (Nduja) 也是自家豬肉製作。媽媽還驕傲拿橄欖給我試吃，「跟別人家橄欖不同，我們家橄欖既能榨油又能生吃，採收的時候啊……」話還沒說完，剛在田裡忙的爸爸走進廚房，帶來一室陽光，「你別聽她說，什麼採收不採收的，好像光站在廚房裡這些櫛瓜啦橄欖啦就會憑空出現一樣，誰才是生產者嘛」，說完帽子脫下微微鞠躬，接著獻寶。

義大利各區皆有各自引以為傲的香腸臘肉製品，在卡拉布里亞，除了產區認證鹽漬豬五花 (la pancetta di Calabria DOP)、產區認證醃漬豬頸 (il capocollo DOP di Calabria) 等外，不得不提大名鼎鼎的辣肉腸 Nduja。跟很多傳統菜一樣，辣肉腸的由來在老一輩口耳相傳下，變得有些紛雜，可以確定的是，它跟許多義大利區域美食一樣，是貧窮下的產物、庶民英雄：昂貴的豬肉部位都給地主拿去，剩下的豬背脂肪、豬五花、內臟等，則拿來與當地辣椒混合做成質地類似抹醬的肉腸。如今普遍的做法，是豬（背脂肪、豬五花、豬油）與辣椒三比一混合，Rombolà 家一年一度製作一百公斤的辣肉腸，「那代表著三十公斤的辣椒，你能想像有多少嗎？」爸爸說。他的比例又略有調整，豬肉、豬油、辣椒各占三分之一，他切幾塊自製辣肉腸，用刀背抹在麵包片上給我嘗，果然跟前一天在山下餐廳吃到的不大一樣。「無論如何，重點是辣肉腸並非越辣越好，適當的辣度才能吃出它的美味。」當地人把它放披薩上、加在三明治裡、與番茄醬汁一起煮成麵醬，還拿來做炸飯球 (arancino) 內餡，用途之廣。

那天一群德國觀光客來酒莊參觀、品酒，辣肉腸抹麵包片就是其中一道配酒小食。我隨媽媽一起在廚房備菜，卻比她還忙，一手幫忙張羅餐具，另一手不斷接應家人塞來的酒菜。二十個德國人在戶外喝酒吃好菜，竟沒有我們六人在廚房熱鬧，導遊見氣氛低落，頻頻進廚房抱怨，「德國人最難伺候，三瓶酒下肚之後才肯賞個微笑」。當然在卡拉布里亞葡萄酒重擊助攻下，第七瓶後總算傳來一些笑聲，酒莊參觀結束，桌上食物竟還零散剩下，姊姊安娜首先發難：「從沒看到有人把食物剩下的，要是義大利團來，可是連盤子都吞得一乾二淨吶。」於是這些剩下的櫛瓜花薄餅、橄欖、香腸等，連同 2015 年的 Riserva 紅酒一同進了我肚子，什麼都吃的孩子最得媽疼，不然你以為我一路上如何在媽媽們家裡騙吃騙喝的？

當然盤子沒有下肚，我沒這麼義大利人。

特羅佩亞紅洋蔥醬扭指麵 Cavatelli con cipolla rossa di Tropea
Mimma Florio

起油鍋放入 5 顆洋蔥絲和 3、4 大匙的鹽（當然要記得試試不要過鹹）讓洋蔥去水軟化，半杯水、黑胡椒，蓋鍋蓋煮約 25 分鐘至軟，加入幾片新鮮甜羅勒便完成。

煮醬時間當然拿來做麵，400 公克杜蘭小麥粉與 600 公克的 00 小麥麵粉、450 公克的水混合成團，水不要一次加完，留約 50 公克慢慢加入，一邊揉麵一邊觀察麵團溼度，麵團這傢伙很是敏感有個性，潮溼天所需的水便少，乾燥的日子呢，則加完了還跟你討水，總之切記要揉到光滑有彈性，寶寶屁股那樣即可。

揉完不需讓麵團休息，可直接切小塊下來、撒點麵粉，雙手在桌上將之滾成直徑約 1.5 公分的圓柱長條，再切為 4 到 4.5 公分左右的小段，用食指與中指腹朝自己的方向邊壓邊滾，記得桌面跟手指上都撒點麵粉防沾黏，順利的話你就會得到有兩個漂亮凹槽的扭指麵。麵用鹽水煮到喜歡熟度後，再放到醬汁中攪拌均勻即可，趁熱上桌。

Cavatelli con ciopolla rossa di Tropea

Never Trust a Skinny Chef

（註 4）

來到卡拉布里亞哪有不吃辣肉腸 (Nduja) 的道理，我盡量在早午晚餐、下午茶與 aperitivo 餐前酒時間，想辦法塞進各種辣肉腸菜色。有些辣度適中，食畢，優雅喝口水便能解決，有些卻辣得人淚漣漣，辣度甚至超過我在曼谷小館子裡邊哭邊吃的咖哩螃蟹。在認識廚師尼可之後，只要去他餐廳吃飯，就再也不捨把胃只貢獻給辣肉腸了。他體型高胖，廚師服扣子都快給撐開，不只在廚房掌舵，不時也到各桌點餐、招呼客人、上上菜什麼的，他對葡萄酒也有熱情，介紹起來自然有說服力。

在特羅佩亞市區，每間餐廳必賣的菜色大致就是用力迎合觀眾對此區想像的洋蔥醬麵、辣肉腸麵跟炸魚，大同小異。尼可跟老婆可不一樣，他們用生鮪魚韃靼配特羅佩亞洋蔥絲，用當季新鮮漁獲做生的、烤的、炸的海鮮

註 4：

標題 Never trust a skinny chef 為名廚馬西莫博圖拉 (Massimo Bottura) 於 2014 年出版的著作 Vieni in Italia con me（譯：跟我一起來義大利）的英文書名。

拼盤，海螯蝦、生蠔、中卷……。餃子呢，則用海鮮做餡、蝦高湯為醬，配上開心果泥，餐廳近海卻不靠海，毫無海邊觀光餐廳氣息，卻用各種海洋菜餚蠱惑你。無意間找到尼可的餐廳，之後的每天我們都要再去，然後我們就無話不聊了。那是廚師同行間的默契，我們從農產品聊到米其林餐廳、從歐洲餐飲文化聊到他心神嚮往的亞洲飲食，分享最近愛上的餐廳跟最新餐飲趨勢。

要理解這樣的火花，必先理解有一種生活叫廚師生活，只有年復一年、日復一日用身體、心理往死裡活去的人，才能理解箇中滋味。人家放假時他們上班、終於輪到他們休假時，卻往往有成山的髒衣要洗，剛經歷完週末餐飲硬仗，全身痠痛到往往出不了遠門（並且隔天還得上班）。

大多數廚師的薪水（或假期）往往都沒有多到足以支付為了觀摩而去吃的米其林、世界 50 大餐廳 (The World's 50 Best Restaurants)，但真正對飲食有熱誠的廚師，會狠狠存上一年半載的錢，去新城市旅行、拜訪一間仰慕很久的餐廳。所以，當他遇上擁有相同志向的同行——將擴展眼界、增長廚藝知識當目標，讓自己永遠比昨天更好一點——自然感到被理解、惺惺相惜，他會用今天送到的新鮮食材，做菜單上沒有的菜，端上桌送你，也許只是一片魚、也許只是幾顆餃子。那菜一上桌，你便明白，那不是「看啊我實力堅強」，而是「我們擁有共同熱情與無法與人道的各種曲折與歡欣」。

尼可的餐廳有座小前院，午餐時天色正好，我們在和煦陽光下大啖海鮮，白桌布被徐徐微風吹著擺盪，驕傲筆挺地襯托滿桌海鮮；生蠔的殼被午後陽光照得亮閃亮閃，我們點了一瓶 Ribolla gialla（註 5）。尼可對我們的選擇滿意不已，一臉讚賞在桌旁開酒。喝清爽纖細的白酒配炸海鮮、海螯蝦扭指麵與生蝦，在極南之地吃海鮮、歡飲極北一端的白酒，有比此更美的事嗎？

這是幾年過去你仍會記得的午後，我們當下便決定取消當晚行程，意圖延續這種短暫、近乎與世無爭的歡愉。

晚餐再訪，移進室內用餐，食物依舊美味，餐廳內部裝飾卻微微掃興：專業酒櫃旁是風格不明的陳舊燈飾，霓虹燈光一閃一閃，一下紫一下藍，桌上陳設染塵的貝殼裝飾，與用上等食材揮毫、極具野心的菜色格格不入。直到後來認識當地葡萄酒莊，才聽說尼可本來在大城市餐廳工作，轉而回家鄉開間不同於小鎮普遍風格的餐廳，用積蓄頂下這海邊小鎮上的披薩店，在預算內讓裝潢盡可能的優雅，預算用完了，就用原本的裝潢湊合著，用菜發聲。彼時我還在經營私廚，五六年間在不同場地間流轉，期間不乏破局的餐廳合作案、工作邀約，廚師這條路走到最後，終究需要一個場域、一個舞台，尼可夫妻的處境不也一樣嗎？

註 5：Ribolla gialla
義大利東北部弗里烏爾 (Friuli) 地區著名白葡萄酒的葡萄品種。

這間餐館雖不似特羅佩亞那些臨海餐廳，可以用無止盡的大海景色誘惑觀光客，卻用新鮮食材與對料理的狂熱，在這臨海觀光小鎮不起眼的角落邊上發光。

離開特羅佩亞後，令我最懷念的除了它閃爍著各種藍的海，就是尼可夫妻在市區外那間對好食物有著異常堅持的小餐館了，我們也默默計畫著，下次回義大利探望老義媽媽時，即使得繞十萬八千里遠路，也要回訪特羅佩亞，只為在那不起眼的小庭院裡，坐在鋪著優雅白桌布的桌前，好好吃上一頓。

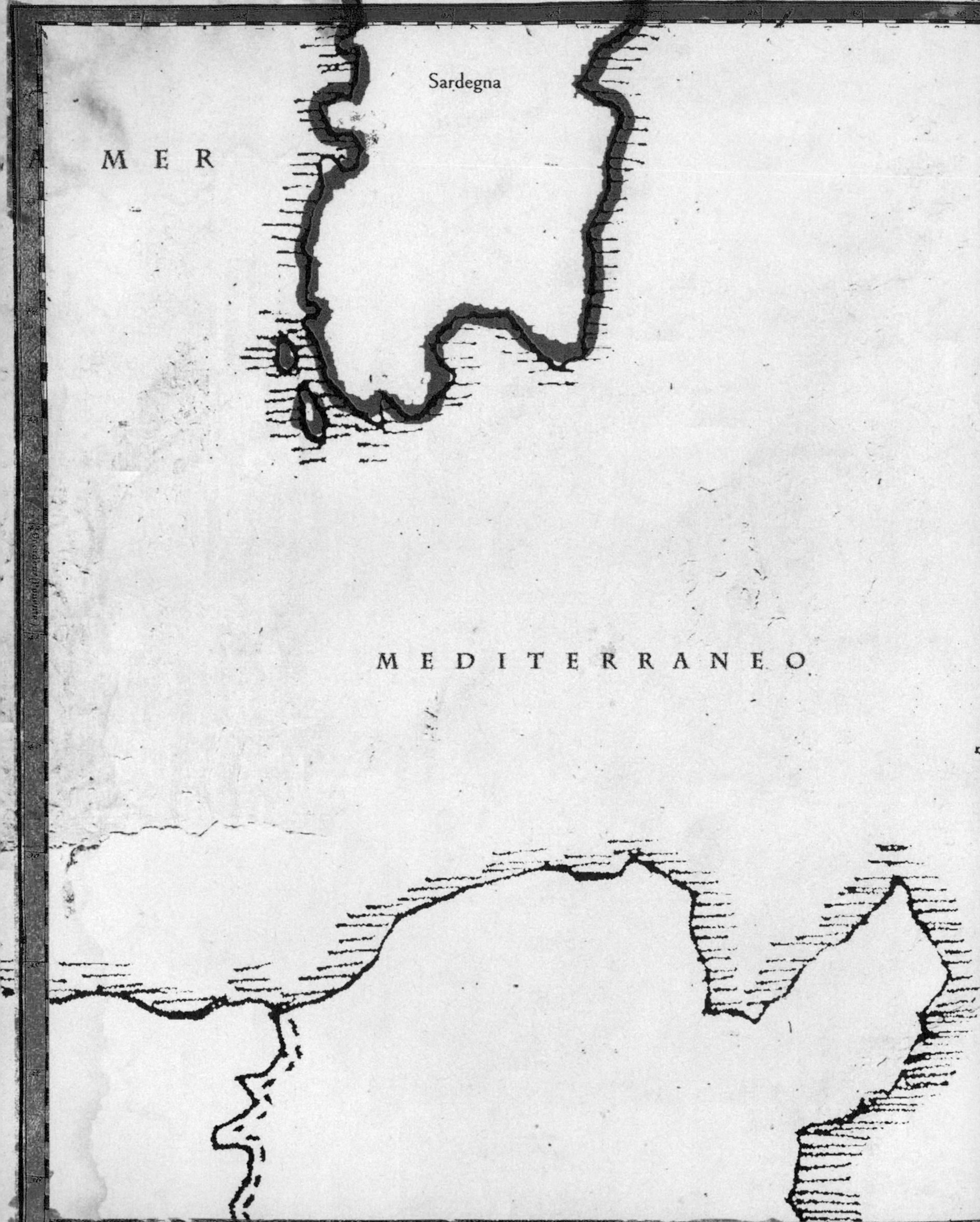
Sardegna
MER
MEDITERRANEO

Chapter 8

西西里

Sicilia

「把所有能被偷的東西帶下車」

其他人還沉迷於簡單樸實的肉醬義大利麵，西西里島人卻早已作畫那樣，用番紅花、松子、葡萄乾、鯷魚妝點麵食，甜鹹繽紛交融，用老天恩賜的作物當顏料，盡情揮灑。義大利人對自己家鄉食物充滿驕傲，談起食物，互不相讓，只有自家做的食物才是珍饈，然而談起西西里島，他們卻不得不忍痛承認：「我們食物很棒，但西西里島……才是全義大利最好吃的地方。」

怪不得西西里島有上帝後廚之暱稱，為何不呢？他們受地理位置、殖民之惠，義大利味中融入希臘、西班牙、阿拉伯的活力；西西里有歐洲最大、最活躍的埃特納火山 (Etna)，火山土壤孕育了複雜、活力十足的葡萄酒；西西里的乾燥烈日，則豐富濃郁了作物如小麥、橄欖到西西里紅橙之風味。西西里人有千萬種自傲理由，跟薩丁尼亞人一樣，問他打哪來，他絕不會說義大利，而會說，「我從西西里來。」

這趟旅程上山下海，我們在飛機、巴士、火車、船之間來去，乍聽浪漫，過程卻繁瑣不足為道，為節省旅費，我們決定從拿坡里一路搭火車到西西里，一小時的飛機，於是變成十二小時的晃悠之旅，西西里是座島，坐火車怎麼到呢？火車一路向南，駛向義大利靴尖的卡拉布里亞 (Reggio Calabria)，再在港口邊，由鐵軌連結陸地與渡輪，此時車廂冷氣暫歇，六月豔陽下著實折煞人，一陣停頓後，接軌巨響響起，火車恢復運轉，緩緩連車廂帶人一同運上渡輪，（一同上船的還有數十台重機、汽車，可熱鬧了）此時人才下火車，魚貫步行上船廂。上船後自然一切都歡快起來，大夥兒吹著海風，面向對岸隱約可見的地中海第一大島、背對義大利本島，心裡不免浮出對未知的憧憬，幾個英國遊客興奮起來，「教父，我來了！」身旁老義卻一臉陰沉，西西里島可不是鬧著玩的。

我們在中午抵達埃特納火山腳下的西西里第二大城卡塔尼亞 (Catania)，老義將我們身上所有值錢物品都鎖在旅館：「你最好連手機都不要帶！」他幾乎咬牙切齒地說，我想大概又是北義人的無知優越感作祟，當地人肯定一派輕鬆，才不會如此神經兮兮呢。在遊客中心問路，當地的大哥除指點我們哪裡必逛、哪邊食物好吃，千萬叮囑不該走進他紅筆圈起的範圍，「那裡黑手黨當道，連警察都不願意去，誤闖後果自負」，只見大哥一臉嚴肅。

朋友爸爸安東尼諾 (Antonino) 是退休大學教授，我們與他在市區廣場前初見面，眼見他將側背包斜掛胸前，緊緊抱著，見面寒暄也省了，劈頭便說：「治安不好，你們千萬注意隨身財物。」出發去魚市買菜，下車前，「一派輕鬆的當地人」安東尼諾在方向盤掛上大鎖、手剎車再掛一個，扭頭對我說：「把所有能偷的東西全帶下車。」啊，西西里島果然一如所聞：刺激、活力、四面揮灑。

這種活力當然展現在西西里大名鼎鼎的魚市上，一籃籃漁獲自西西里島西南方、義大利最大的港口馬扎拉德瓦洛 (Mazara del Vallo) 運來，當然還有夏卡 (Sciacca) 來的上好鯷魚、法維尼亞納 (Favignana) 產的劍魚，然後呢？生蠔、海膽、干貝、蝦、章魚、貝類……應有盡有，叫賣聲此起彼落，當地人、廚師、盤商、觀光客，全擠在西西里島最有特色的魚市場 (A' Piscaria Mercato del Pesce) 中，它位處市中心，歷史與其身後古城一般悠久，海味、吵雜、熙來攘往，家庭主婦跟魚販討價還價，光頭大個老闆全神貫注在眼前光滑耀眼的巨型鮪魚上，那是星期二早上七點半，噪音跟刺激在你肌膚深處鼓動著，全世界哪個角落的市場都一樣，用直率與活力暗示你，過得更好更賣力一些，我們於是狂熱地加入。當然也沒忘了學安東尼諾小心看顧包包。

一個人的做菜風格，與其個性跟處世態度大有關聯，安東尼諾跟我這幾年義大利烹飪計畫遇到的媽媽奶奶們大相逕庭，大概與大學教授職業背景有關，即使在自家廚房做菜，他仍冷靜、有條理，行前他是唯一一個用 e-mail 跟我直接聯繫的人，而不是透過子女、外甥女、隔壁鄰居，也不是前一天才能電話確定時間。我們一起在他家裡度過數個烹飪早晨，沒有一天安東尼諾不是將食材分類收好，邊解釋食材、邊依序下口令囑咐我與他分工備料，我們整齊劃一、有條不紊，早上八點半開始買菜、備料，中午一點半準時上桌用餐。白天在安東尼諾家做菜，晚上四處探索餐廳，吃到喜歡的菜，隔天就提問，他會先給我經典食譜、再一一解釋他的做法。比起其他媽媽，他不苟言笑、一板一眼，但又循循善誘，他給我的叮嚀，大部分都寫在以下食譜中了，找不到比他更棒的西西里家常菜老師。

與安東尼諾的烹飪課結束隔天，他邀請我們到家裡喝杯咖啡，回顧學期心得，我們在藏書豐富的客廳坐下，三座高聳書櫃密密麻麻堆著各類書籍，安東尼諾太太端出咖啡與自製冰淇淋，他則熱切詢問我的出書計畫，彼時我第一本書《獻給地獄廚房的情書》只寫到一半、出版社都還沒找到呢，經營的私廚也正起步，未來充滿未知，那是第一次他不顧爐上醬汁在燒，生涯輔導學生般，從書櫃中找出好幾本女性廚師寫的食譜，「每個人終究都要有自己風格，但她們的例子你倒可以參考看看，」語畢，又逕自顧火去了。

旅程繼續，預算考量，我們登上開往薩丁尼亞島的渡輪，兩小時的旅程於是又變成十二小時，坐在不怎麼舒適的座位上，椅背還只能輕微後傾，我與老義只能輪流去大廳與甲板晃，好讓對方能蜷曲在兩張椅子上勉強一睡。後座的業務員丹尼爾聰明得多，直接放棄座位，在地板上鋪厚重外套，兩腿伸直睡得可舒服。夜還長，我帶《冰與火之歌》晃去餐廳讀，讀累了便去甲板走走，此行晃蕩數月過去，海風吹得我披頭散髮，看來像極六零年花之子世代的浪蕩歌手，這可是花錢搭飛機享受不到的額外收穫呢。不妨一試（騙你的）。

ED
70633

SALATE

西西里酸甜炸沙丁魚 Sarde a beccafico
Antonino Indelicato

在西西里太陽最盛的那天，吃了這道菜，驚艷不已。把松子、葡萄乾、巴西里切碎後，與少許白酒醋、麵包粉跟刨碎的馬背起士 (Caciocavallo)（可以帕瑪森起士或格拉娜帕達諾起司代替）、檸檬汁與皮屑混在一起，再夾入去骨去皮的兩片魚肉中（我偶用鯖魚代替），裹粉炸著吃。再賤一點，內餡加點肉桂粉，味道層次又是另一個境界。此菜源自古西西里，貴族喜吃一種滋味豐富、名為 Beccafico（園林鶯）的鳥，獵到後將內臟取出、清理並烹煮，再塞回鳥中來吃，這隻小小鳥兒過於昂貴，平民們便用四處可見的食材：沙丁魚代替，並用松子、麵包碎屑等填充，充當鳥的內臟，經典菜於是誕生。

烤沙丁魚塔 Tortino di sarde
Antonino Indelicato

然後，爸爸安東尼諾的版本，則是較清爽的烤沙丁魚。沙丁魚切片後，用白酒醋泡約 5 分鐘，將切碎的蝦夷蔥、巴西里、麵包粉、馬背起士與稍微切碎的松子和葡萄乾混合，姑且稱之為西西里大地粉吧，在深烤盅上抹點油後撒上前述大地粉、鋪沙丁魚、再撒粉，如此層層疊疊鋪滿後，再以 230 度烤至上層大地粉酥黃誘人為止。

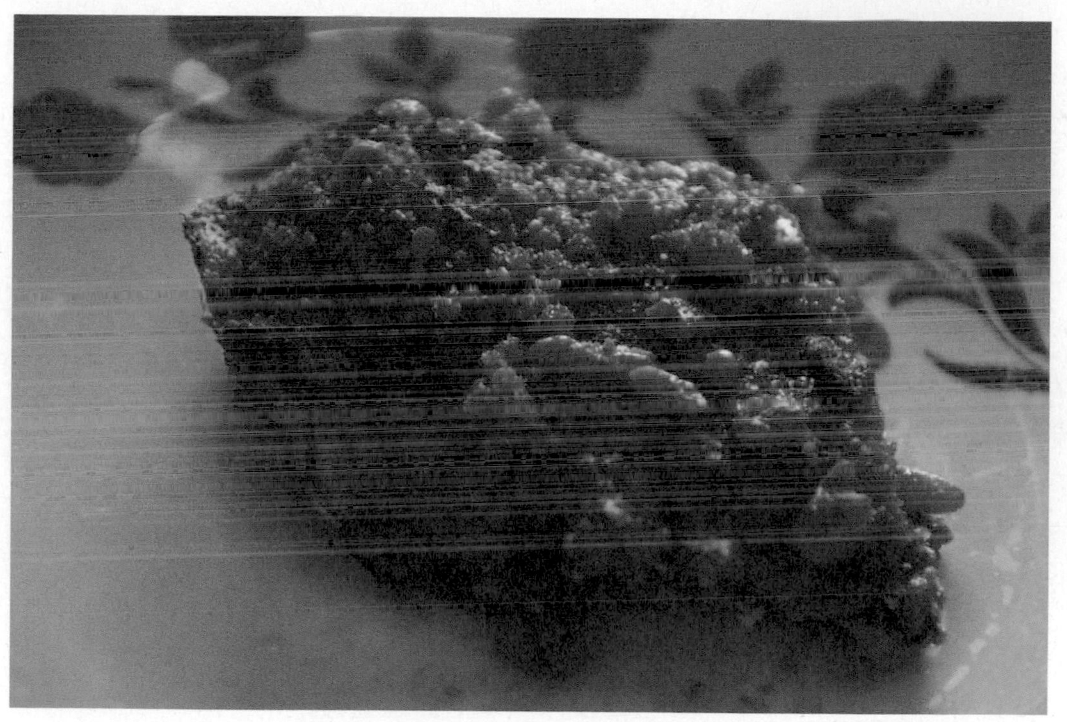

番茄洋蔥沙拉 Insalata di pomodoro e cipolla
Antonino Indelicato

那天午餐，我們做了這道沙拉來搭配烤沙丁魚塔，這樣簡單的菜色你就知道，祕訣永遠只有一個：好食材。

切薄片泡過冰水的洋蔥、番茄切片用鹽、黑胡椒與橄欖油調味，最後撒上乾燥奧勒岡葉與新鮮蝦夷蔥即可。

In[illegible] pomodori e cipolle

醋漬洋蔥鮪魚 Tonno con cipolle in agrodolce
Antonino Indelicato

請魚販幫忙將鮪魚切成厚度約 1.5 公分的帶皮鮪魚排，用大量橄欖油兩面半煎炸至上色。整顆洋蔥切成 1 公分左右方塊，泡在橄欖油中小火慢煮約 15 分鐘到軟——這是對待洋蔥辛辣最好的辦法之一，再嗆的洋蔥都能因此化為繞指柔。轉大火加入半杯白酒醋、3 匙糖、鹽、黑胡椒調味，續煮 3 分鐘左右再加入煎好的魚排煮到魚排熟透即可。這道菜可以趁熱吃，當地人則偏好涼著上菜，多適合炎熱的西西里天氣啊，再來，涼著吃更能展現洋蔥配上酒醋的聯姻魅力。

另外，此菜的美味更來自泡煮洋蔥的橄欖油，魚排吃完後，剩下大量的油，就沾麵包大方吃起來吧，你的食客、家人將會愛不釋手的，保證。

水手鮪魚 Tonno alla matalotta
Antonino Indelicato

來自西西里島北方的古老食譜，「matalotta」為地方方言，受當時法國殖民影響，此單字來自法文「matelot」，水手之意。作法不限於鮪魚，任何肉質堅硬的魚都行。

這食譜怎麼會有難吃的可能呢？鯷魚、黑綠橄欖、日曬番茄乾、酸豆⋯⋯安東尼諾爸爸光在廚房裡將這些食材一一排開，我就徹底屈服了。與「醋漬洋蔥鮪魚」作法一樣，將鮪魚排先行煎炸上色，把四分之一洋蔥碎、一顆大蒜碎在橄欖油中小火煮軟，放入鹹香鹹香的油漬鯷魚 2 尾，到它們完全融於油中，再把橄欖、稍微切成小塊的油漬番茄乾、酸豆（先在水下將表面鹽分沖掉）跟連汁壓碎的剝皮番茄 (pomodoro pelati)；不要排斥使用番茄罐頭，好的番茄罐頭常常是義大利家庭的選擇，與其堅持使用不著時、酸度甜度不對味的新鮮番茄，未經過多加工的番茄罐頭往往才是更好的選擇；當然，若你手邊有季節品種都恰好的番茄，自製的番茄醬汁自然無人可敵。

扯遠了，加入番茄後，續煮 15 分鐘，將魚排放入再煮 5 分鐘，撒點新鮮巴西里或甜羅勒葉便完成。盛盤時別忘了把料堆疊在魚排上，大方炫耀水手美味。

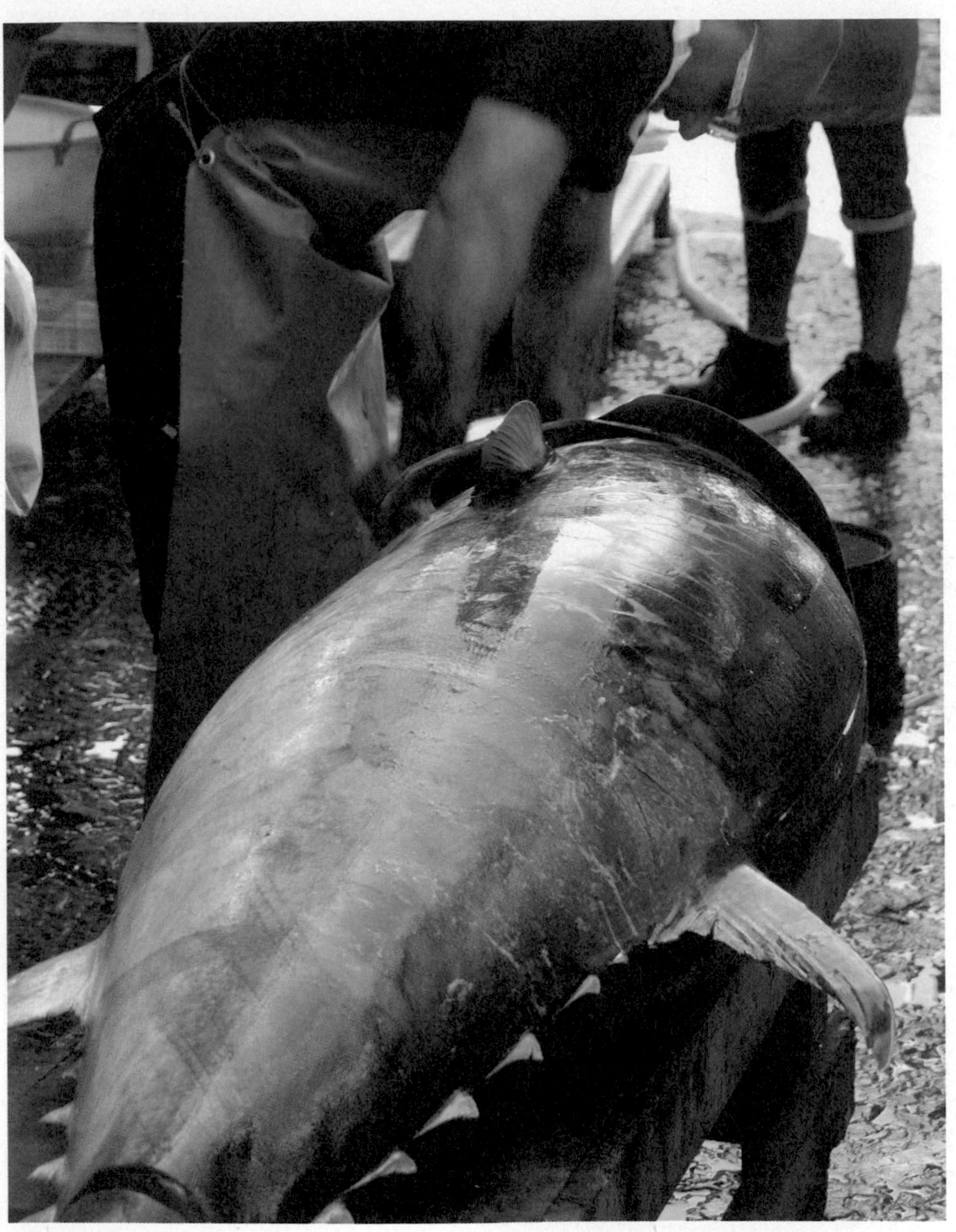

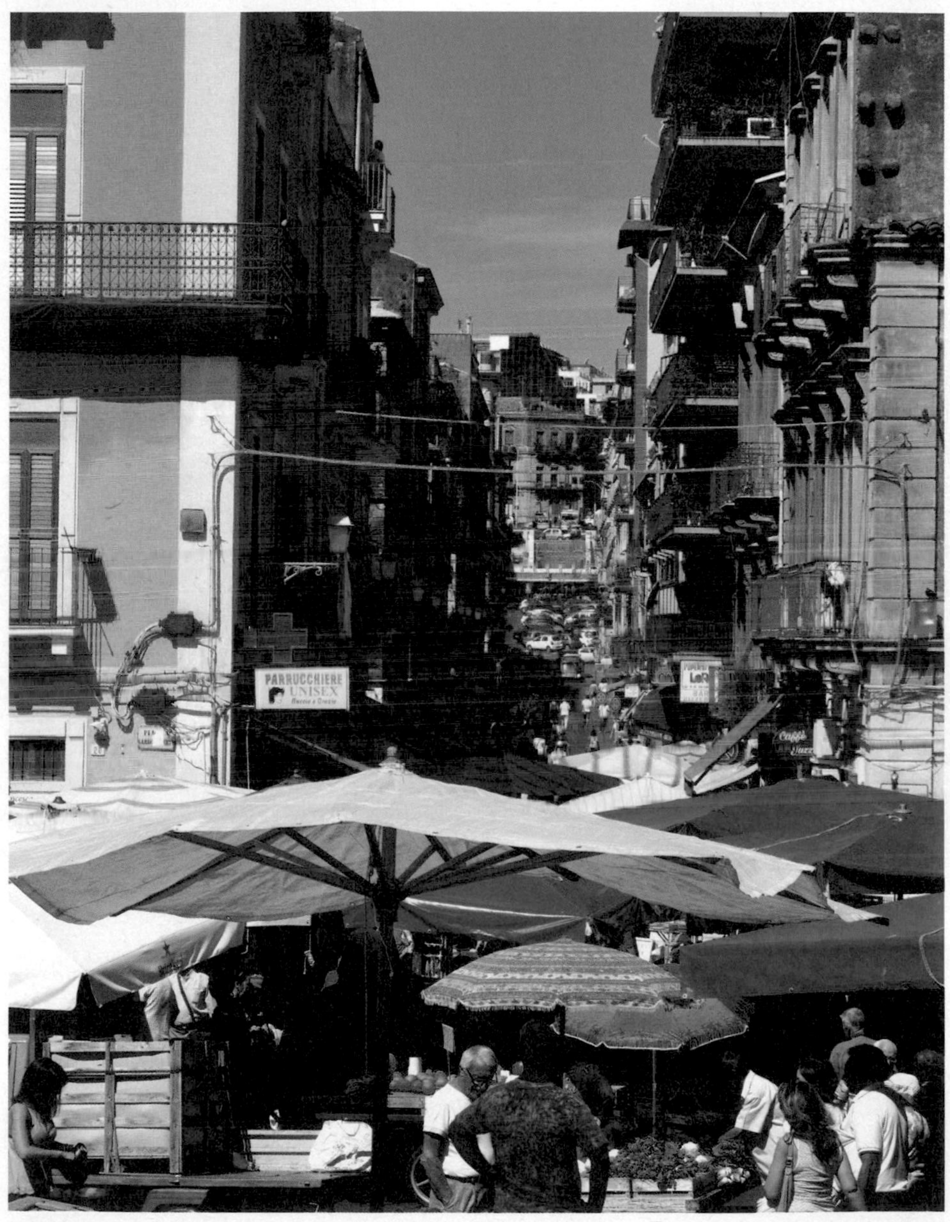
PARRUCCHIERE
UNISEX

諾瑪義大利麵 Pasta alla Norma
Antonino Indelicato

西西里島卡塔尼亞的名菜諾瑪義大利麵由來眾說紛紜，但都跟當地的義大利劇作家文琴佐·貝利尼 (Vincenzo Bellini) 名作《諾瑪》(Norma) 脫不了關係，有人說，這道麵是卡塔尼亞當地居民獻給貝利尼的禮物，也有說法是，西西里的詩人在餐廳吃到這麵時驚豔不已，認為它跟歌劇《諾瑪》(Norma) 一樣動人，於是說出「這簡直是諾瑪！」的驚嘆……可以確定的是，諾瑪麵食譜早已存在，原名為何已不可考。

作法很簡單，圓茄用削皮刀縱向間隔去皮後，切成一公分薄圓片，在茄片上撒鹽、壓重物並靜置約一小時去苦水。茄片稍微沖水後擦乾下鍋炸至兩面金黃，起鍋後撒點鹽調味。兩瓣切碎的大蒜入油鍋小火煮軟、倒入番茄醬汁 (salsa pomodoro)、鹽、撕碎的甜羅勒葉。

寬短通心麵 (Maccheroni)、斜管短麵 (pennette rigate) 這類短麵都是諾瑪麵的常用麵型，我們在安東尼諾爸爸家用的，就是斜管短麵，有趣的地方來了，許多食譜會教你在醬汁跟麵都煮好後，連同炸茄子一起拌勻上菜，我則喜歡安東尼諾的作法：醬汁與煮到喜歡熟度的麵拌勻後，上面放上炸好的茄子片數片、再撒上風乾鹽漬瑞可達乳酪 (ricotta salata)，各人處理各人的茄子，要切大小塊隨你便，上桌時和樂融融挺有趣味。

當然，還是有個重點，無論如何，諾瑪麵都不能少的元素：風乾鹽漬瑞可達乳酪、炸茄子與甜羅勒。

Pasta alla Norma

夏末之吻番茄煮 Tenerumi
Antonino Indelicato

在西西里的卡塔尼亞市場中第一次見到蒼白長形櫛瓜 (cucuzza) 與其葉子 (tenerumi)，我與老義都感到奇異，菜販頗驕傲說，這玩意兒只有我們這有，義大利別處可找不到。這倒是，但怎麼煮呢？水煮了淋油吃、煮湯都是常見作法，安東尼諾則教我菜切大段後，水加鹽煮滾了下鍋煮至斷生，在油鍋中放兩顆切大塊的蒜，小火煮軟，加入連汁壓碎的剝皮番茄 (pomodoro pelati) 續煮 15 分鐘，再把菜放入，刨馬背起士進去（或用帕瑪森起士、格拉娜帕達諾起士代替），讓起士雪片覆滿菜的程度後，蓋鍋蓋讓起士融化便完成。

西西里夏末餐桌上常出現此菜蹤跡，當地人講起這菜時，不知不覺都變得溫柔起來，說，每年來到夏天的尾巴，我媽總是會做這菜，簡直是夏天送的再會吻，約定明年此時再相聚首。

MARIA
Basilica

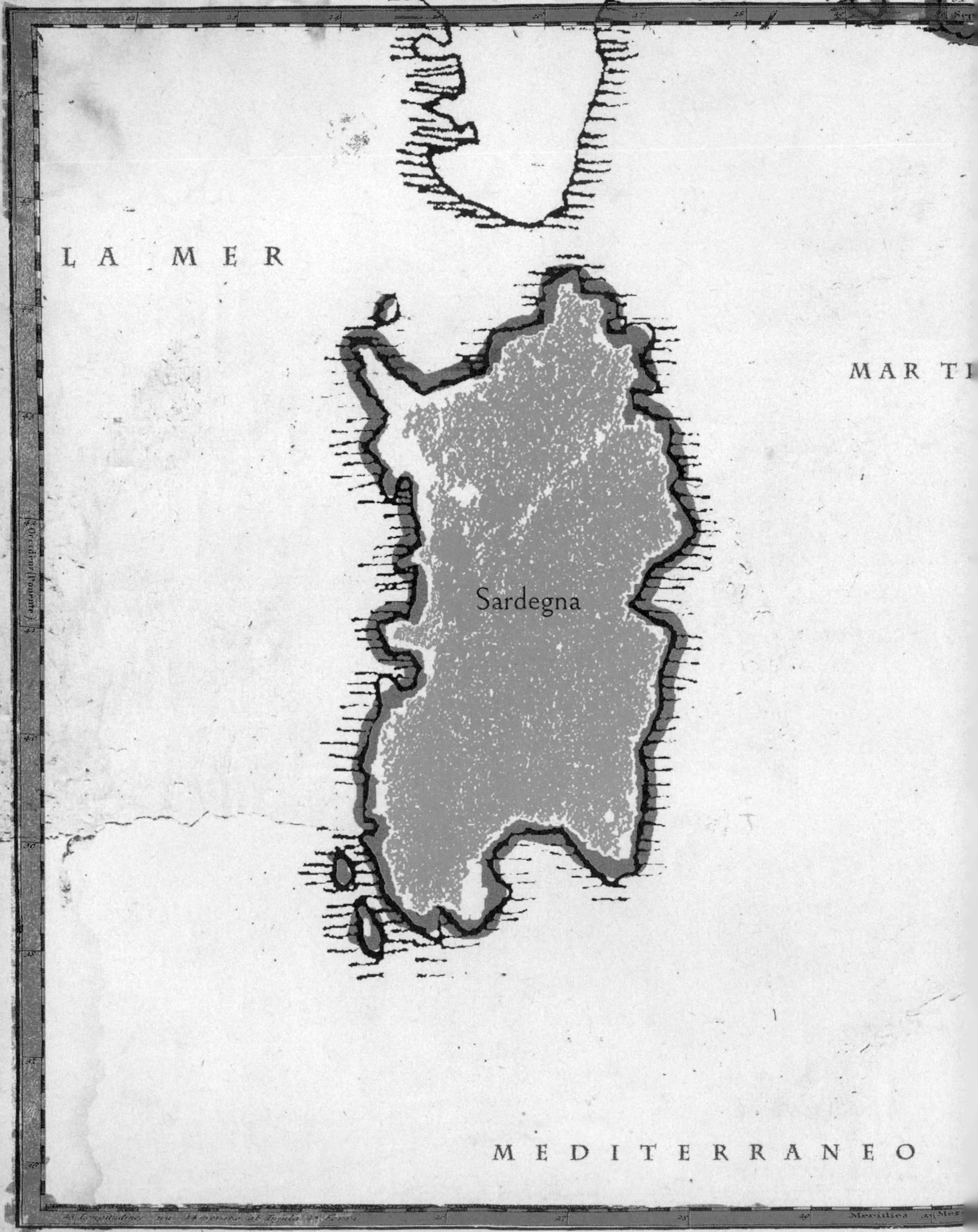

LA MER

MAR TI

Sardegna

MEDITERRANEO

Chapter 9

薩丁尼亞

Sardegna

REGGAE

羊毛毯驚喜

6月20日，借住在薩丁尼亞老同事席孟家有感，在筆記本裡隨手寫下:「買菜看到漂亮的鵪鶉，用花園裡的迷迭香跟鼠尾草調味，配煎得外脆內軟的結球茴香吃，吃到大夥嗯嗯啊啊發出奇怪呻吟，油然而生媽媽做飯給孩子吃的成就感。」

想起義大利飲食作家安娜茖塞媞 (Anna Gosetti della Salda) 對位於義大利西邊的薩丁尼亞島，有段頗具詩意的描述，大意是說薩丁尼亞島也許是義大利島嶼中離本島大陸最遠的，卻不因此受到孤立，它被老天賦予了一切:海洋、太陽、山、平原與河流——一切能使生活快意豐滿的元素。她也提到，在薩丁尼亞島播種的必會豐收，物產豐饒，於是每片海、每塊大地、山陵、每塊田地，都生機蓬勃。各自有其傳統，產出的食材也大不相同，造就了同一道菜的作法在不同地區，便有了相異詮釋的有趣結果。

薩丁尼亞的確跟我這幾年陸續造訪的義大利各區相差甚遠，在南部的卡亞里 (Cagliari) 機場甫降落，吹來的海風、灼烈的陽光立刻帶人進入身處異地的現實感。這塊土地不僅食物不同、連講的語言都不一樣，不時讓我感到身在「類西班牙」的國家（薩丁尼亞語、科西嘉語、加泰隆尼亞語……），回想一次次跟薩丁尼亞人初見面，他們也從不在自介時說「我是義大利人」，而是：「我是薩丁尼亞人。」(sardo/a)。

席孟 (Simone)，（音譯應是「席孟餒」，我們暱稱他席孟）是那種喝酒嗑藥樣樣來，狂放不羈、精力源源不絕的人，在倫敦遇見他時我義大利文還不太好，他則是幾乎一句英文都不會說，連續五天每天十七小時的工時，下班後他仍蹦來跳去，吆喝大家喝酒跳舞。那時我們才認識三個禮拜，他已經用廚房裡能找到的各式活體、夥同羅馬人馬戴歐一起整我，下班時嘻皮笑臉到我跟前，苦苦哀求：「來嘛走嘛，跟我們一起玩去。」

這麼當了大半年同事後沒多久，席孟離開倫敦，回家鄉薩丁尼亞，買了幾畝地，成了農夫。這幾年來我們一直透過臉書斷斷續續聯絡，決定展開一趟由北至南的行程後，立刻想到他。那是我們在倫敦一別之後，第一次見面。見到席孟前，本來預期他會帶我們四處吃喝玩樂，一間酒吧喝過一間，沒想到他老大爺卻宣布：「我早已不太喝酒，連肉都不怎麼吃，菸戒了、當然也不再碰毒。」一早便帶我們巡視他的田地，這裡是豆子、那裡打算種櫛瓜，還有紅洋蔥、花椰菜、蘿蔔，「剛買完地沒錢了，打算明年存夠錢，再買台曳引機，人生就圓滿了。」他如今過著早睡早起的生活，白天上早市賣蔬菜，下午繼續跟他最珍貴的土地在一起，沒事就開著大老遠的車，在海灘一躺就一天。我們造訪時他腿剛開完刀，一跛一跛無法務農，老帶我們往無人的隱密海灘跑：透早六點出發，帶上夾了生火腿芝麻葉的自製三明治跟各種飲料與白酒，在翡翠藍的清透海水邊躺著曬太陽喝酒，「骨頭都溼透了，非得好好曬一下不可。」這樣說著便烤肉那樣嘶嘶嘶曬完正面再翻背面。

離開坎帕尼亞區與西西里島，我日漸粗壯的手臂，與被媽媽們輪番粗暴餵食後出現的渾圓肚子與雙層下巴，已到慘不忍睹的程度。而薩丁尼亞島轟轟烈烈的陽光，更落井下石將我徹底曬成炭。盛夏之際，島上已快三個月沒下雨，森林大火新聞頻傳，日頭毒辣、大地乾裂。這是我對薩丁尼亞的初印象，而島上的人們與食物，也如天氣那般強烈有個性。席孟的媽媽染了一頭紅髮，她的義文中半夾雜薩丁尼亞方言，而這裡大部分菜名也都是以薩丁尼亞方言命名，不要說我這個外國人，老義也是聽得一愣一愣。母子兩人一見面就話說個沒完，一會兒哀嘆天氣，一下又興奮討論該做些什麼好料吃，席孟性直嘴賤，跟媽媽說起話來三句不離髒字，媽媽也非等閒之輩，兩人一碰頭便鬥嘴互罵，場面著時精彩，只恨自己薩丁尼亞方言會的不多。

在一高溫達到 37 度的早晨，半露酥胸的席孟媽媽，將麵粉跟水推到我面前，我只好一頭霧水揉起麵來。這是我第一次見到被我暱稱為「羊毛毯驚喜」的羊肉烤派 (Panada)。這是用麵粉、豬油、水與橄欖油揉成的「塔皮」，再將山羊肉、大量的風乾番茄、巴西里與青豆，層層疊疊鋪在麵皮中，用麵皮覆蓋、快速編織出一層麵皮蓋後，再進烤箱烤2小時。出爐後，為了讓塔皮接觸溼氣軟化，還得用厚毛毯裹起、靜置半小時以上，要是忽略這步驟，那麵皮可會硬到咬斷你牙齒！而烤出的成品濃郁多汁，大夥兒吃肉配上已被湯汁浸軟的派皮。一道菜裡有肉、有義大利人餐餐都吃的麵包，光吃這道就超級滿足，什麼菜都吃不下。

還有鰻魚版本，Panada 的傳統吃法。古時捕撈鰻魚是當地居民的主要生計來源，老做法當然是用鰻魚，再加入青豆或馬鈴薯，甚至什麼都不加，用巴西里跟風乾番茄堆疊出濃郁風味。這道薩丁尼亞獨有的菜色是區域料理的最好例證，媽媽拍拍胸脯保證，這道菜出了薩丁尼亞，怕是很多義大利人都沒聽過，而這附近也只有她的用料最講究、成品最好吃，我們則在一旁邊吃邊附和。

造訪薩丁尼亞島前，我想它四面環海，來此必定會被大量海鮮攻擊，吃到膩為止，結果我們來到席孟家小鎮上，吃羊、吃豬、吃蔬菜，卻少有魚鮮上桌。第一天我們吃馬鈴薯羊奶起士餃子 (Culurgiones) 配番茄醬汁，第二天，吃羊肉烤派，再來，烤乳豬，怎麼都等不到海鮮上桌。我們離海遠嗎？也不，附近的海灘從車程二十分鐘到一小時都有，我們每天像是要拍攝薩丁尼亞島海灘特輯那樣，四處蒐集各種各樣海灘，把租遮陽傘、小海灘床的價位摸得一清二楚，還有一些人煙罕至的偏遠沙灘，粗大石塊成了我的遮陽傘，男士們則將自備啤酒插在海水中冰鎮，反覆進行他們三十分

鐘曝曬、二十分鐘泡水、十分鐘喝酒的標準行程。

那麼海鮮去哪了？除了偶爾上桌的鮮烤魚、鰻魚 panada，席孟一家還是以肉為主要招待遠來之客的重點，每天泡海灘總有嘴饞之時，我們便驅車往半小時車程的市區開去，在海鮮專門餐廳吃滿山滿谷的海鮮，什麼蝦啦、生蠔、貝類、鼎鼎大名的薩丁尼亞烏魚子，自然不在話下。

說到烏魚子，在薩丁尼亞島可算是家庭常備品，不像我們烤後切片配蒜苗、白蘿蔔或蘋果片吃，薩丁尼亞常見的吃法，是做麵時大方用刨乾酪器刨在麵醬裡，若有似無的增添鹹香。我們在席孟家時，常用橄欖油、蒜、巴西里與一點白酒煮蛤蠣，汁液取出來做麵醬，起鍋時磨上大把大把鮮鹹有勁的烏魚子，材料精簡、味道之濃郁，讓你下輩子都願意只吃它。更簡單也更普遍的吃法，就只需要加顆拍散的蒜在油鍋中，加點烏魚子、巴西里便成，麵煮好帶點麵水入鍋，充分攪拌均勻即可盛盤，最後再刷上晶瑩剔透的烏魚子，像一陣突如其來的金黃雨，美極了。

吃完一個 Panada 差不多要飽三天，席孟媽媽又說話了，這次，要介紹薩丁尼亞烤乳豬 (porceddu) 給我認識。烤乳豬最傳統的烤法，是「a carraxiu」：將整隻乳豬在地面下的洞穴中烤，席孟家中則有專門烤窯，三不五時就在烤窯裡烤乳豬。

爸爸為了我們，特別向熟識肉舖訂了半隻三個月大的乳豬，把柴火烤爐清理過、再將半豬從頭穿過鐵棍，架在烤爐裡，先把剖開那面烤到焦黃滴油、再烤帶皮那面，兩面都烤過後，才啟動自動轉軸，吱吱作響的烤起來。烤到尾聲時，只撒上大量的鹽調味，出爐時再放上 mirto 葉子（一種桃金孃屬的植物）鋪成「床」，用餘熱釋放葉子香氣。幾乎毫無調味的菜色卻滋味萬千，像是沾了什麼神秘特製醬汁那樣，味道濃縮，跟這裡的太陽一樣，直接、強烈又性感。五人吃四公斤半的乳豬還有剩，配麵包、番茄洋蔥沙拉，水果、薩丁尼亞甜點，與各種自釀酒，撐著肚皮上床睡覺。

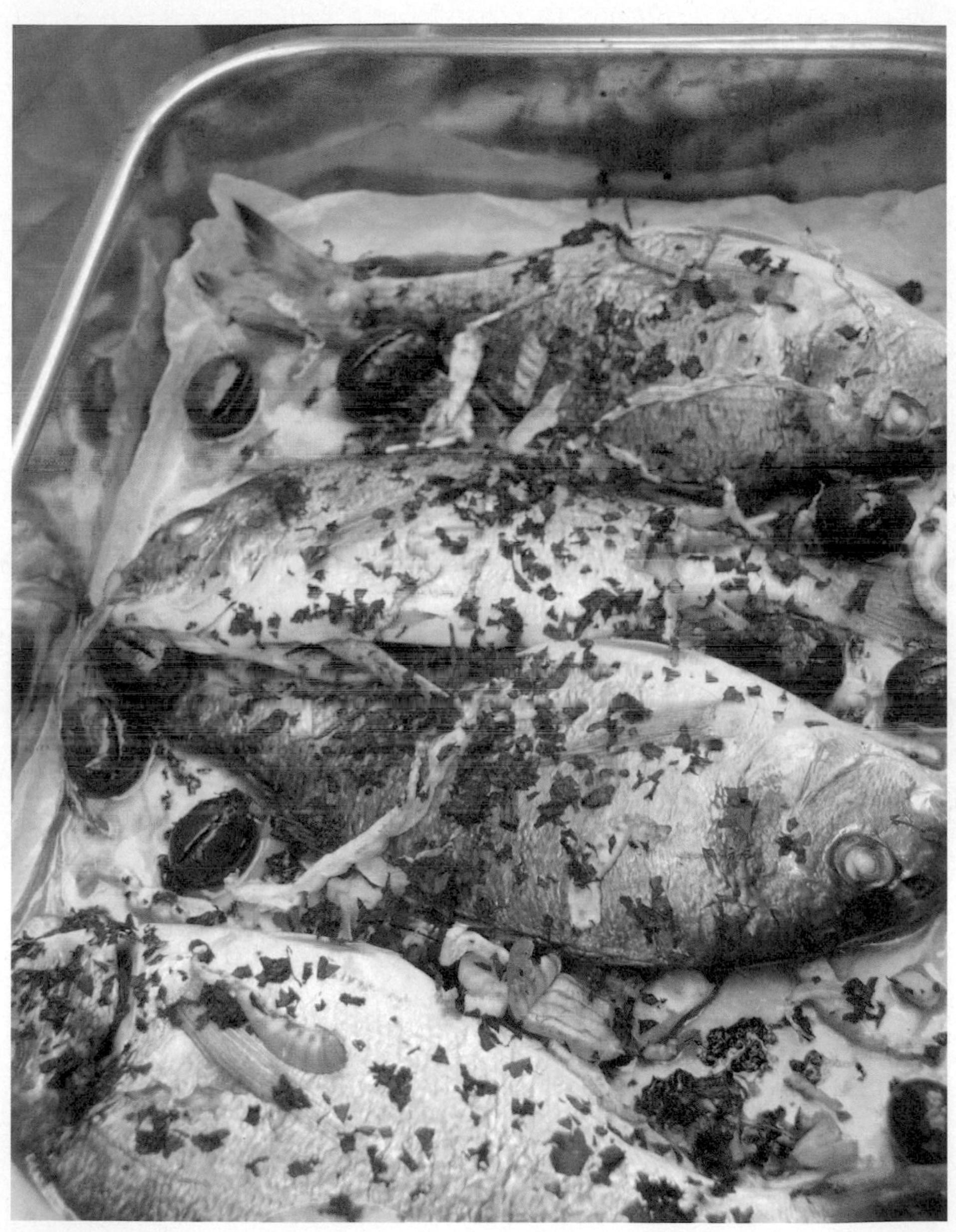

席孟媽媽的羊毛毯驚喜 Panada Ignazia

跟世上所有媽媽學菜，得不到確切食譜是很正常的，不要以為媽媽有那閒工夫一一量下麵粉跟鹽的比例，天氣啊、溼度呀都會影響麵團的嘛，所以務必用觸感與經驗，鍛鍊出跟食物對話的直覺，此麵團成果必須當真柔軟如寶寶屁股，麵棍桿過還不甘心那樣再稍微縮回來的一點彈度即可。

重點是用 00 細麵粉與大約多於一半量的溫鹽水，鹹度嘛，則是鹽與水充分混合後，一嚐會說：「哎呀還真鹹」的程度，每半公斤麵粉則再加上半匙豬油、半匙橄欖油，即可成團。

八吋蛋糕模上，抹薄薄一層豬油、撒上麵粉防沾黏，再將厚度 0.5 公分的麵皮鋪上（麵皮稍微高於蛋糕模），接下來就是將大量風味層層疊疊加入的時候了：麵皮上第一層首先鋪滿切碎的巴西里，再將大量蒜碎、番茄乾碎、與冷凍青豆鋪上，撒鹽、黑胡椒、再一層滿滿的巴西里碎後，切成約 4 公分大小的主角羊肉塊再大方的鋪滿一層，之後再重複巴西里碎、蒜碎……等，最後一層則是番茄乾與蒜碎，再大方淋上橄欖油後，便可把上蓋的麵皮與底座麵皮用手指密密編織合上，用 180 度烤 2 小時，烤到外皮焦黃，再像裹個剛出浴的寶寶那樣緊緊用厚布蓋上，讓它在裡頭繼續悶煮，讓麵皮盡情吸吮羊肉汁液，讓蒜碎跟巴西里碎都奉獻融身於醬汁中，就可開布上桌，用刀把指編的上蓋切開，在眾人餓肚歡呼聲中將已被醬汁浸軟的硬麵包掰開、一人幾大勺羊肉配著吃。無可取代的歡快體驗。

做鰻魚版本時不放青豆，可用馬鈴薯片代替，並淋入更多的油取代羊的油脂。

(Cagliari, Sardegna)

ITALIAN TILE
Gres Porcellanato
Italiano
Linea
45X45

小雜文
非常義大利
ATLANTICO
FRANCIA
Val
SPAGNA
MAR BALEAR
LA MER
MAMMA
AMORE
N
W
E
S
VINO
CIBO
ALGERIA

AUSTRIA
NGHERIA
Trentino-Alto Adige
Friuli-Venezia Giulia
SLOVENIJA
Veneto
Lombardia
HRVATSKA
Emilia-Romagna
Liguria
BOSNA I HERCEGOVINA
MAR
IGURE
Toscana
MAR ADRIATICO
Marche
Umbria
Lazio
Abruzzo
Molise
Campania
Puglia
MAR TIRRENO
Basilicata
Sardegna
Calabria
MAR
IONIO
Sicilia
MEDITERRANEO
TUNIS

世足賽

義大利 2018 年沒踢進世足賽，微微感覺得到一陣士氣低迷，從「丟臉啊怨嘆啊」到「算了別提了」到「這樣也好給我們一個教訓」，情緒層次之多彷彿在演示悲傷五階段。

說也奇怪，在世足賽開踢時間，不是剛好朋友找吃飯，就是左鄰右舍決定一起在院子烤肉，我急著看球賽又不得不乖乖坐著，聽同桌七個義大利人各說各話沒人聽對方說話。好不容易瞄到比數興奮宣布時，大家竟也一臉早就知道了的表情，原來邊聊政治天氣跟隔壁兒子的人生，還是偷偷拿手機關心比數。也罷，我只好自討沒趣吃飯。

BBQ 聚會也不麻煩，肉品質買好一點的，隨手操起廚房馬克杯，倒入橄欖油，花園裡摘的迷迭香當刷子刷肉，就這麼烤將起來。豬肋排、香腸、豬頸肉 (coppa)、鹽漬培根 (pancetta) 跟牛排……配上沙拉跟麵包就是豐盛一餐。酒則是露琪亞帶來的氣泡酒、西西里島 Morellino di scansano 紅酒跟各種啤酒。

這麼一路烤到半夜才散會，炭火零星在灰中閃亮，連本來兇猛無比的蚊子都興致缺缺回家睡覺去，到頭來什麼國恥怨嘆的，早就煙消雲散。

到頭來沒有什麼事情是烤肉當前解決不了的。（而在我看來，烤肉兩字可代換成任何食物。）

櫛瓜花

義大利人喜歡在櫛瓜花上做文章，做披薩、做烘蛋 (frittata)、做燉飯做義大利麵，我在學校結業考試上抽到的考題便是用櫛瓜花做燉飯，看似簡單實則難掌握，差點慘遭滑鐵盧，實在難忘。

在距離羅馬市區兩小時車程的小鎮家中，則和麵做了白披薩，將櫛瓜花均勻往上一鋪，幾分鐘不到就出爐，餅脆花香，假裝秀氣不敢多吃，被主人看出心意，整盤放我眼前，被我恭敬不如從命一口氣解決。

然這些五花八門的作法中，我最愛的還是炸櫛瓜花。炸櫛瓜花也分填餡跟直接裹粉炸的，在路邊或餐廳都很有可能吃到裡面填了莫札瑞拉 (mozzarella) 起士與鯷魚的組合，再來還有用風乾番茄代替的素食版本、填瑞可達 (ricotta) 的、鑲斯卡莫札 (scamorza) 的，花樣可多了；而外面裹的漿也有分經典款：00 麵粉、水、新鮮酵母、糖、鹽，跟天婦羅版：冰氣泡水、麵粉跟蛋黃。經典的很好，微厚麵皮戲份十足，連同包裹的莫札瑞拉鯷魚餡一口咬下（炸物店的阿姨一邊耳提面命：signorina，小姐你要小心，剛炸好可燙口了，別說我沒提醒你呦），整份吃完晚餐都得要少吃點了。有時我則更愛天婦羅版本乾脆如薄冰的外層，適切的襯托主角不搶戲，特別適合當下酒菜吃。

經典款因加了酵母，應使之靜置約 30 分鐘再沾裹油炸，天婦羅版則直接和完用炸油炸即可。當然還是有用初榨橄欖油直接在鍋裡多油半煎半炸的，什麼不用初榨橄欖油炸物這種廢話，在義大利家庭主婦主夫們面前，最好還是別提出，人在屋簷下不得不低頭，他們可是能一把超鈍鋸齒餐桌刀切遍天下的勇士們哪；一手持刀一手拿著胡蘿蔔或茄子甚或是牛肉，順著自己方向切丁切絲切塊，砧板什麼的乃為身外之物，在這些廚房戰士面前，你只有乖乖聽話點頭稱是的份。

總之每年春夏總是會在義大利找尋櫛瓜花的身影，在市場裡買到時，感覺比收到鮮花還浪漫喜悅。

櫛瓜花

剩食料理漢堡排

以前在我工作餐廳負責做義大利麵的同事，回到故鄉羅馬，開了間小小的餐廳，菜單上除了他最拿手的黑胡椒起士義大利麵 (Cacio e pepe)，還有他那讓人魂牽夢縈的漢堡排。餐廳裡每天都有一堆絞肉，員工餐做什麼吃呢？有時候漢堡排、麵包跟沙拉就是一餐，同事的漢堡排濃郁多汁，滋味複雜，層層疊疊襲來。每次輪到他做員工餐，我們就慫恿他做漢堡排，看我們吃得津津有味，他總驕傲道：等我有自己的餐廳時，我一定要把它放入菜單。而其實當時他的 Cacio e pepe 就已經好到被主廚相中，放上特選菜單裡。

他的 Cacio e pepe 麵食譜在同事間早已不是秘密，卻總是死守著漢堡排秘方，我們只勉強打聽出重點材料之一：伍斯特醬 Worcestershire sauce（配方裡有鯷魚跟醋，想想挺適合的不是嗎），上回到羅馬造訪同事餐廳，重溫他的兩大招牌菜之外，又不要臉打聽漢堡排配方，他紅著臉說：你自己回去摸索，下次見面再告訴你。

這話燃起我鬥志，每隔一段時間，當冰箱食材寥寥無幾，又想用剩菜料理時，就會東拼西湊做起漢堡排。

其實每次的嘗試都還不差，但總覺少了什麼。一直到昨天，我興頭上買了即期 49 元牛絞肉，用直覺做了新版本漢堡排：

用剩三分之一的洋蔥用奶油細炒後，加入 2 條鯷魚煮至鯷魚化開，加入半杯紅酒小火煮，汁收乾、丟進大鋼盆裡備用，鋼盆裡放少許伍斯特醬、1 小匙巴薩米克醋、一小匙第戎芥末、黑胡椒、鹽，絞肉入盆後，打入 1 顆蛋（準確來說是 1 顆蛋黃加 0.5 顆蛋白），隨手加入一些我大口啃著吃的法棍麵包碎屑；平常這時我會刨一點帕瑪森起士，當下剛好用完，於是用冰箱裡剩的披薩用拉絲起士，丟半個拳頭量進去，攪拌均勻後，捏一小球煎來試味道，味道稍稍偏酸，想加點什麼香料來平衡……想起冰箱有剩蔥，細細的切了半支拌入，塑形成約 3 公分厚的肉排，入鍋煎前，兩手拋打拍出空氣，兩面大火煎過後，入 200 度烤箱，烤 10 分鐘，或中心溫度到 53 度左右（牛肉才能這樣嘿），完成。

以前我一直是用 7:3 的牛豬比例做漢堡排的，在義大利，人人都跟我抗議：漢堡排只能用純牛肉做！無奈老義有著標準固執義大利味蕾，我只能用全牛料理漢堡排，做好的當下我們剛好為了小事在冷戰，我吃第一口的瞬間驚艷到不行：中了中了！飄泊多年，終於找到自己的漢堡排食譜。為顧及面子，我們默默的吃完一餐，誰也不想多說漏氣，直到今天中午冷戰結束，老義才一臉興奮：「我的天啊，昨天那漢堡排是有多好吃？我們絕對要把它放上菜單！」

由於並沒有想把漢堡排放上菜單的意思，我決定落落長的紀錄下來，原來不需要再打聽同事食譜，每個人心中都有屬於自己的漢堡排秘方呀！

同場加映義大利文小教學（誰要看啊）：在義大利若想請肉販幫忙準備漢堡絞肉，只要說我要 svizzera 即可，這個字本指位於義大利北方鄰居瑞士。當然，你得到的只會是牛絞肉。

馬泰拉

在義大利南方的馬泰拉 (Matera) 看令人目眩神迷的 Sassi 石窟。開了兩天車，我跟老義都頭昏腦脹，行李放下第一件事便是找館子吃點什麼，旅館老闆隨手指了附近一間不起眼的小店：那裡吃個便飯很好。我們半信半疑走進低矮窄小（只有三張桌子！）的店面，隨便點兩道菜，可不想破壞胃口，兩小時後是餐前酒時間、三小時後還訂了大餐要吃哪。於是點普切塔 (Bruschetta) 麵包片：地產麵包 Pane di Matera 切片抹點橄欖油跟大蒜、番茄、後院摘的野芝麻葉，與蔬菜拼盤：各種當地蔬菜，或燉或烤或油漬，撒點鹽就上桌，多麼原味、多麼自信啊。蔬菜的清香、烤脆的馬鈴薯焦香、炸風乾甜椒 (peperoni cruschi) 的口感跟野勁兒，全在一個盤上歡欣共舞……之後在馬泰拉所在的巴西利卡塔大區 (Basilicata) 與鄰近的普利亞 (Puglia) 吃了不少華麗菜色，依然念念不忘這道簡單到不行的綜合蔬菜，歡慶土地贈禮那樣用最樸實的食材做出驚艷菜色，脂粉略施的美味，是義大利菜教我最重要的事。

淑女之吻

身體有時似乎會受到季節的暗示，在特定時間想吃特定的食物。最近突然又想做淑女之吻 (Baci di dama) 來吃。

Baci di dama 源自盛產榛果的義大利皮蒙特區，名稱來自它可愛的外表，兩塊渾圓的餅乾像兩片唇，輕裹著濃郁的巧克力。原始食譜用當時取得容易又便宜的榛果製作，後來有貴族將較為珍貴（遠從西西里島運來哪）的杏仁取代榛果製作這道甜點，而在 1906 年米蘭世界博覽會得到金牌。

我曾在兩種材料皆所剩不多時，用大約榛果：杏仁 7：3 的配方做淑女之吻，這淑女沾染著早秋的氣息，濃郁又內斂，好吃極了。

反正我要起士粉

開一個半小時車到義大利卡拉布里亞 (Calabria) 山腳下一個小城裡晚餐，米其林一星餐廳，餐廳不大，有個漂亮酒窖，裝潢與服務都優雅適中，沒有壓迫感。我們吃到第二道菜時，進來一對約五十八歲左右男女，男士著全套合身西裝、名牌皮鞋、名錶，俐落大方；金髮女士身上則密密麻麻布滿各大精品品牌 logo，F 牌上衣配同牌膝上裙、愛馬牌圍巾、香香包與十吋高跟鞋和花紋複雜的褲襪，共同特色是以品牌字母為主角，光是裙子前方就有至少 25 個 F 字母交錯，全身上下字母加總比團康聚會與會者的名牌字母還多，FFFFFCCCCHHHHGGGG 各自表態，活生生是個人體英文字母教學書，立場倒表明了，大家不注意他們都難，這對義大利時髦男女在我們隔桌坐下。

侍酒師立即送上酒單，男子邊看邊說：我很懂酒，家裡酒窖大概有三千多支酒，香檳、布根地、Barolo……應有盡有，我看看你們有什麼。他看了一眼酒單，問：這 Gewurztraminer 是哪國的品牌？侍酒師尷尬但立刻專業回答，這是葡萄品種（以下省略針對此品種解釋）。這時他已經贏得我們所有注意力。

吃完開胃小點，主菜上桌了，這對佳人沒點主廚精選套餐，單點了鹽漬鱈魚檸檬燉飯與海膽醬汁大捲麵，男士開口，向服務生討起士加燉飯上，服務生回，這道菜口味特殊，我們不建議您在上面加起士，會破壞味道……話沒說完，男士提高聲調，「我就是要加起士，拿起士來！」餐廳老闆於是上前關心，好聲好氣解釋，主廚對這道燉飯的味道設計很完整，加起士並不適合，但您需要的話，仍可提供給您，請問您要哪種起士？男士說，我要起士粉！老闆回（謙恭有禮）：我們有 pecorino 羊奶起士、parmigiano Regiano 帕瑪森起士等，都可以幫您現刨，您想要哪一種請盡管提出。男士說，我不知道啦，總之我要起士粉！我去其他餐廳他們都會提供起士粉。

「好的，但您要哪一種起士呢？」

「我不知道，反正我要起士粉。」

折騰半天男子似乎被說服這世間起士千千百百種，並非只有「起士粉」，勉為其難選了當地羊奶起士，上桌後，他以一種雷霆萬鈞之勢大勺大勺將起士往飯上撒，再以八比二起士燉飯的比例大口大口往嘴裡送。不要說我們失禮，餐廳所有人都驚慌失色看著他，此時羊奶起士佐燉飯已吃了一半，男士把老闆召來，說，起士跟這燉飯還真不搭，難吃死了，人做錯事就得承認，你當初真該阻止我的。

兩人終於把鹽漬鱈魚檸檬燉飯與海膽醬汁大捲麵吃完，我們都很期待這對品味極佳的男女又點了什麼菜。下一道菜上桌：鹽漬鱈魚檸檬燉飯與海膽醬汁大捲麵——跟上一道一模一樣的菜，一模一樣的菜換人吃，兩人邊吃邊濃情密意騰出手來含情脈脈地握著，男士仍以八比二比例大嗑羊奶起士配麵，邊喝那品牌還是品種傻傻分不清的 Gewurztraminer。

其實吃到這我也糊塗不知道在吃什麼了，這是整人節目嗎？鏡頭在哪裡？

問世間起士粉為何物。

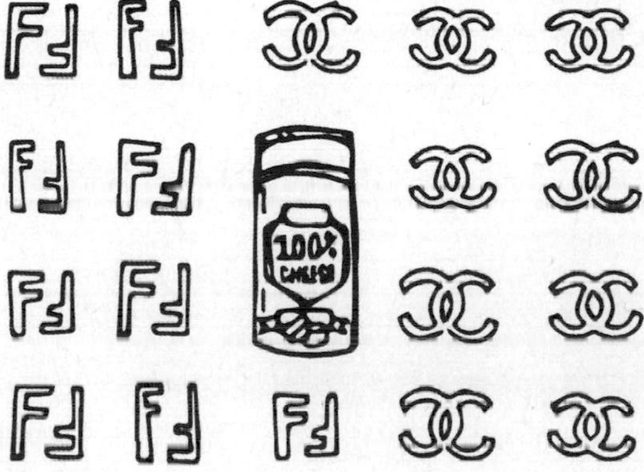

反正我要起士粉

義大利咖啡

一頓豐厚的午餐後，朋友說要帶我去城裡唯一一間有賣手沖咖啡的店，在義大利也能喝到手沖咖啡，多難得啊。

現在比較少在城市晃了，每次來義大利，總是山上海邊找農家菜，許多好餐廳也根本不在市區，好喝咖啡更難找了，老義在台灣三年後，終於宣告:「回義大利連咖啡都喝不下。」幾個義大利人於是國破家亡那樣，憤慨抱怨起義大利咖啡多難喝。

咖啡有點像是加油站，喝了上路，好展開全新的一天（然後每隔幾小時又得重新展開一次，人生真難）很多人對豆子品質不大講究，怎麼說呢，實用意義大於一切。老闆知道我從台灣來，眼睛都亮了，說，你們對咖啡好鑽研，我 IG 上追蹤了不少你們台灣咖啡店呢。

接下來除了每 30 秒停下來問候熟客，活也不幹開始滔滔不絕抱怨起義大利人不能接受他精心烘培的、跟義大利多數咖啡不同的，沒有烘過頭的豆子，「還跟我抱怨一杯 caffè(espresso)1.2 歐元太貴！他們知道這一小杯，背後是多少血汗金錢換來的嗎？」

「大部分店家只追求咖啡上面那層泡沫，越豐厚越好，豆子卻毫無品質，廉價充數⋯⋯其他國家的人包括你們，早晉階到品味咖啡的層次，我們還在這原地踏步！」

「不過時勢所逼，我也開始賣起觀光客都愛的冰拿鐵，那是我最後防線了。」餐飲業者的心聲家家都一樣嘛。

家家有本難念的經，一群義大利人激動講得像是整個國家都被人民咖啡品味給毀了一樣。有時義大利的原地踏步或許也不完全是壞事，我只微笑聽著，發洩一下也好，也許明天懂你的客人更多、越來越少客人嫌棄 1.2 歐元一杯咖啡太貴、你不明白的 Caffè Americano 也能就此消失在世上（才不會）。

炸玉米糕

旅至義大利南方海邊城市，沿路問路人，哪裡有賣好吃炸玉米糕 (sgagliozze)？「去找瑪麗亞！」路邊做貓耳朵的媽媽、賣冰淇淋 (gelato) 的小姐、屋簷下抽煙的爺爺，全都約好般這麼說，大家都這麼說了，我們只好搔搔頭去找賣炸玉米糕的瑪麗亞。瑪麗亞可能每天被本地人觀光客來來去去煩了，臉老臭，她的玉米餅卻外脆內綿，好吃極了。

P.S. sgagliozze 為方言，你若是用義大利文 polenta fritta 問，當地人可是會遲疑一下，說：「那玩意兒要去北方找來吃吧？」

炸玉米糕

拿坡里甜派

露琪亞前夜把瑞可達起士做的家鄉拿坡里甜派 pastiera 烤好，嘴上說著隔夜吃最好吃了，仍切了大半給大家分食。

老媽媽一早便將聖誕過年必吃的鑲橙餡料做好，上桌前填入柳橙中便行。酒跟食材也已放陽台冷藏，一切準備就緒。聖誕夜，不吃肉只吃海鮮的一天，我們很努力在遵循，於是中午吃用蛋跟帕瑪森起士、麵包屑做成的麵，跟熬了數小時的雞高湯一起吃，主菜則以普利亞 (Puglia) 的布拉塔起士 (burrata) 跟沙拉代替，雖然喊著說要留胃給晚上，看電視上那個誰在吃米蘭豬排，竟覺得又餓了，啊口嫌體正直原來是這意思嗎。

蔻特奇諾豬皮腸

午餐吃蔻特奇諾豬皮腸 (Cotechino)，這道通常在跨年當晚或新年初始吃的菜，大概是義大利最古老的「腸類」了。將豬肉的各種部位與鹽、香料（譬如迷迭香）灌入豬腸中製成，再用上天長地久的時間水煮，口感綿密又鹹香鹹香，很是好吃，通常配上扁豆 (lenticchie) 一起上桌，依據各家口味，也有配上玉米糕 (polenta)、馬鈴薯泥的，我們則用白酒醋燜燉了清甜的白高麗菜，與馬鈴薯泥一起吃，配前天買的蒙特普恰諾 (Montepulciano) 酒，飯後是特倫多 (Trento) 買的臭起士 Puzzone di Moena（不小心忘在車上一小時，後果不堪設想）配核桃，養豬行程未完待續。

燉飯式煮麵法

在書裡寫過燉飯與義大利麵的基本煮法：「管你做什麼醬，重要的是讓它麵醬合一，形成一種既不是水、也不是油的乳化醬汁……」（《獻給地獄廚房的情書》p.57），要達成此效果，還有另一種煮麵方式叫 pasta risottata，即用燉飯方式煮義大利麵。

此法更簡單，省略滾水煮麵步驟，直接將生麵放入麵醬鍋中，一鍋到底。以番茄麵底為例，用橄欖油慢煮切丁洋蔥後，加入番茄醬與（或）新鮮番茄，調味並慢煮約 20 分鐘，再像煮燉飯那樣，一勺勺加入滾燙高湯直到麵煮到適當熟度為止，起鍋前當然再淋點初榨橄欖油與起士攪拌均勻，如此煮麵速度自然不如滾水來得快，但麵體飽吸高湯與醬汁精華後，麵醬一體、你儂我儂，時間換得的美味可不是蓋的。

過節前

在義大利過節，聖誕夜前陪老媽媽買菜，要能供應一家子平安夜、聖誕節與聖史蒂芬日 (Santo Stefano) 的吃吃喝喝，哥哥已在熟識老店家買了手工聖誕麵包 panettone，比超市賣的工廠做的貴多了，一分錢一分貨。

義大利的聖誕夜是不吃肉只吃海鮮的，我們計畫除了媽媽拿手餃子外，其他當然得吃章魚沙拉、海鮮沙拉，沙拉米、生火腿跟起士的量也都要存夠，我們當然還關心酒，老媽媽除了地產的氣泡紅酒 Lambrusco 外什麼都不喝，我們於是跑去鄰近城鎮荒郊野外一間門庭若市的小酒窖買酒。

回家後做了鹽漬豬頰肉蛋麵吃，「過節要吃的可多了，我們這幾天吃簡單點吧。」

三人擠在廚房磨蹭做麵，你打蛋我煮水他刨起士，再一起上桌吃掉，啊簡單的滋味最好了。

麵包沙拉

前天做來配餐吃的巧巴達 (ciabatta) 麵包還剩三分之一，順手擱在廚房一角，走過來添水時看一眼，走過去找食材時瞄一下，冰起來嘛，懶；丟掉嘛？花時間揉完，又耐心等它發酵長大成人的，不捨。見它尬尷杵在那跟我大眼瞪小眼，怪不好意思，做麵包沙拉 (Panzanella) 剛好。這是義大利托斯卡納、瑪爾凱 (Marche) 那帶的庶民料理，家家戶戶每天都吃麵包，每天都有前一天吃剩的老麵包，加以利用毫不浪費。紫洋蔥切薄片後泡涼水去辛辣，將老麵包切小塊，用冷水浸一下、手擰乾，跟切成小塊的番茄、撕碎的甜羅勒葉、白酒醋跟初榨橄欖油混合並調味即成。雖然有時稱它為麵包番茄沙拉，但加入番茄或黃瓜，其實都是現代的作法了，原版的食譜裡連番茄都沒有。夏天在托斯卡納郊區，跟著八十歲的老媽媽做菜，做的正是沒有番茄版本的，她在碗裡拌入大量的醋，一吃，嗆得不住咳嗽，她得意的說：「怎麼樣？這就是最原味的 panzanella，帶勁吧？」佩服得五體投地。自己吃時我喜歡加了番茄的版本。秘訣則是在備餐時，首先處理這道菜，浸過水變得溫柔的麵包，「欸你們都來吧」那樣吸收其他食材的芬芳，變得越發好吃。用不太差的橄欖油，與醋的嗆和羅勒的鮮，你儂我儂相得益彰。用老食材做出來的菜，竟有如此新鮮豐富的滋味，這就是庶民料理的魅力吧。

寫過好幾次托斯卡納麵包沙拉的文，在幾次示範活動中也做了幾次這道菜，大家的反應大致為二：好清爽好好吃、好噁心喔麵包泡水。但私下還是很喜歡這道菜呀，感謝 Cookmania 主辦人之一、Embers 的主廚 Wes 相揪，並很看得起我的給了「剩食變盛食：向義大利名廚 Massimo Bottura 學習」這題目，想來想去，還是做了麵包沙拉，把冰箱剩的黃瓜也拿來入菜，還用多的麵包做了麵包泥，食譜在這囉：

麵包是金，老麵包沙拉 Panzanella Cookmania 版本：麵包沙拉、老麵包泥、小黃瓜油、小黃瓜凍

食譜：

番茄、隔夜鄉村或法國麵包、紫洋蔥半顆、紅酒醋、初榨橄欖油、鹽、黑胡椒、甜羅勒、白酒醋：

1. 紫洋蔥切絲後泡入白酒醋中約 30 分鐘。
2. 將隔夜麵包切約 3*3 公分的小塊，放入飲用水中泡軟。
3. 甜羅勒用手撕碎備用。
4. 將做法 2 的麵包用手擰乾弄碎。
5. 在沙拉盆中放入做法 1-4，與初榨橄欖油、鹽、黑胡椒與紅酒醋，攪拌

均匀，並靜置約 20 分鐘便完成。

隔夜麵包泥：

平底鍋中放入橄欖油，一顆大蒜拍散後加入，把隔夜麵包切成小丁後入鍋煎到微黃，把麵包與微溫的牛奶與水（量隨喜好調整濃度）一起打碎完成。

喝熱水

我們全家水怪，早上燒壺水，不到下午就空了，再燒，傍晚不到又沒了，我老爸水喝得可兇，常常喝完又不燒，就會被他女兒我痛唸，做人不能如此沒品無良，喝完水要燒，前人種樹後人乘涼，你這樣人家要怎麼教小孩等等等等講個沒完。爸爸對女兒沒轍，只好摸摸鼻子燒水去，不孝女自己時常喝完水不燒，搶先老爸一步，得意洋洋。總之燒水絕對是吾家大事，成天都在燒，久了也成了父女間的趣味（Yen 父：有嗎）。上輩子大概是被渴死的。

多年前第一次到瑪莉莎媽媽家，義大利北方一月正冷，我生理期，帶保溫瓶去，隨時喝熱水暖身。瑪莉莎媽媽跟所有義大利朋友一樣，第一次看到有人喝熱水，驚慌失色，頻頻詢問，味道如何？不噁心嗎？加點鹽不就能煮麵了？

年復一年我在她爐前，劃上一根火柴，點火燒水，她總站在一旁，觀賞巫術那樣瞠目結舌。

她自己則是只喝常溫氣泡水，冰的喝不得，會咳嗽。吃飯時喝氣泡水，喝她鍾愛的 Lambrusco（微氣泡紅葡萄酒）時偶爾也兌點氣泡水，連吃藥都配氣泡水，家人回來時，她才會擺上冰氣泡水、礦泉水各樣給大家選擇。

這次回去看她，隔日要出發旅行前夜，她謹慎問我，明早你要帶熱水出門嗎？今晚燒還明早燒？不了我裝涼水上路行了。

隔天一早準備出門，瑪莉莎媽媽早把水燒好放爐上等我，說，天冷，你還是帶點熱水路上喝吧。這個女人一輩子都在爐前燒菜給家人吃，七十五年來第一次，她在爐上燒水，不加鹽，也不煮麵。

食譜索引

Acquasale cilentana「鹽水」Agriturismo I Moresani p.144
Agnulìn in in brodo 小湯餃 Marisa Furlotti p.30

Biscotti brutti ma buoni 我很醜，但很好吃餅乾 Maria Roselli (Anna) p.94

Cantucci di Prato 普拉托杏仁餅 Maria Roselli (Anna) p.96
Castagnaccio 橙皮迷迭香栗子糕 Gabriella Vignali p.78
Cavatelli con cipolla rossa di Tropea 特羅佩亞紅洋蔥醬扭指麵 Mimma Florio p.178
Coniglio alla caciatora 獵人燉兔 Rossana Sorichetti p.116
Cotechino 蔻特奇諾豬皮腸 p.263
Crostini di fegatini 佛羅倫斯雞肝醬麵包片 Gabriella Vignali p.84

Involtini di pollo con pancetta e grana 格拉娜起士培根雞肉捲 Marisa Furlotti p.36
Insalata di pomodoro e cipolla 番茄洋蔥沙拉 Antonino Indelicato p.202

Macedonia 水果沙拉 Anna p.85
Maltagliati con alici, menta, pomodorini 番茄鯷魚亂切麵 Rossana Sorichetti p.112
Melanzana con formaggio di capra 羊奶起士烤千層茄 Agriturismo I Moresani p.148
Melanzane' imbottiti 番茄醬燉炸茄子捲 Agriturismo I Moresani p.150
Mezzi Rigatoni all'Amatriciana 辣番茄鹽漬豬頰肉麵 Maria Cancelli p.122

Orecchiette（方言：Strascinati）貓耳朵麵 Nunzia Caputo p.162
Orecchiette con braciolette 燉肉捲貓耳朵麵 Nunzia Caputo p.164

Panada 席孟媽媽的羊毛毯驚喜 Ignazia p.230
Panzanella 麵包沙拉 p.268
Passatelli con prosciutto crudo e burro
奶油生火腿帕沙特里麵 Anna Sala, Gabriella Parenti p.50
Pasta alla Norma 諾瑪義大利麵 Antonino Indelicato p.208
Pastiera 拿坡里甜派 p.262
Peperoni Ripieni 甜椒鑲肉 Marisa Furlotti p.34
Pizza con fiori di zucca 南瓜花脆餅 Rossana Sorichetti p.118

Saltimbocca alla Romana 跳進嘴裡 Maria Cancelli p.120
Sarde a beccafico 西西里酸甜炸沙丁魚 Antonino Indelicato p.198
Scaloppine all' aceto basalmico 巴薩米克醋煎豬肉片 Silvia Cottafavi p.64

Tenerumi 夏末之吻番茄煮 Antonino Indelicato p.212
Tonno alla matalotta 水手鮪魚 Antonino Indelicato p.205
Tonno con cipolle in agrodolce 醋漬洋蔥鮪魚 Antonino Indelicato p.204
Tortelli di bietole e ricotta 莙薘菜瑞可達起士餃 Anna Sala, Gabriella Parenti p.52
Tortino di sarde 烤沙丁魚塔 Antonio Indelicato p.199

Zucchine Ripiene 櫛瓜鑲肉 Gabriella Vignali p.82
Zucchine alla scapece 醋漬炸櫛瓜 Agriturismo I Moresani p.146
Zuppa Lombarda (Firenze, Toscana)
給倫巴底亞人的，豆子跳舞湯 Gabriella Vignali p.76

編註：此索引菜名後附上原文，為食譜出處的家庭主婦 / 主夫名字。

感謝名單
Ringraziamenti

敞開大門、傾盡畢生經驗，用熱情與耐性教導我世代相傳家常菜的煮婦煮夫們：

Marisa Furlotti

Gabriella Parenti

Anna Sala

Maria Roselli(Anna)

Gabriella Vignali

Maria Cancelli

Rossana Sorichetti

Agriturismo I Moresani

Maria、Annamaria

Nunzia Caputo

Mimma Florio

Antonino Indelicato

Ignazia、Sergio

Tina Rombolà

Raffaele Rombolà

Cosmo Rombolà

Anna Rombolà

Elisa Rombolà

Doretta Rombolà

Cantina Masicei

沿路傾力相助的天使們：

表姊 Vivian

表「幾乎」Vic

Emilia Onesti

Silvia Cottafavi

Silvia Costantinopoli

Poppa(Simone)

Giuseppe Barbaro

Marco Barbaro、Rosalia Volpe

Juli

Angela Indelicato

Bettina Rayer

暖活 Nuan

最後，謝謝二魚文化出版人葉珊，

從第一本書以來一直支持（漠視？）我的瘋癲與不工整。

Sant'Anna

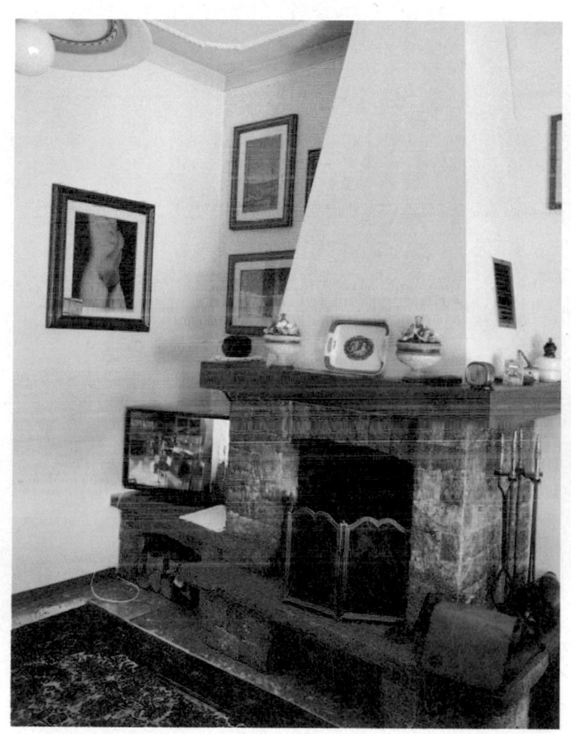

二魚文化　閃亮人生　B051

醋與日子的配方：
一路向南，義大利家庭廚房踏查記

作者　Yen 劉宴瑜
攝影　Andrea 李 安
編輯　葉 珊
美術　ilid chou

出版者　二魚文化事業有限公司
發行人　葉 珊
網址　www.2-fishes.com
電話　(02)29373288
傳真　(02)22341388
郵政劃撥帳號　19625599
劃撥戶名　二魚文化事業有限公司

總經銷　黎銘圖書股份有限公司
電話　(02)89902588
傳真　(02)22901658

製版印刷　彩達製版印刷
初版一刷　二〇二〇年六月
ISBN　978-986-98737-0-3
定價　500 元

國家圖書館出版品預行編目 (CIP) 資料

醋與日子的配方 : 一路向南義大利家庭廚房踏查記 / Yen 劉宴瑜著 .
-- 初版 . -- 臺北市 : 二魚文化 , 2020.05
288 面 ; 17 x 21 cm 公分 . -- (閃亮人生 ; B051)
食譜 2. 文集 3. 義大利
427.12　　109005781